바닷속 타임캡슐
침몰선 이야기

도판 제작 아틀리에 플랜

사진 및 도판 제공
University of Zadar p.38, p.40, p.45, p.54, p.55, p.133
Shipwreck Institute for Education and Local Development p.194
이외 저자 제공

바닷속 타임캡슐 침몰선 이야기

전 세계 바다를 누비는 수중 고고학자의 종횡무진 탐사 기록

플루토

차례

프롤로그

침몰선 박사, 해저에서 역사의 수수께끼를 좇다

크고 작은 다양한 섬이 점처럼 흩어져 있는 아드리아해. 이 찬란하고 아름다운 경치를 느긋하게 즐기는 사람들은 가히 상상하기 힘든 어두운 바닷속에서, 나는 무언가를 필사적으로 찾고 있었다. 2014년 여름, 벌써 3년째다.

수심 27미터의 바닷속은 아무리 깨끗한 바다라도 햇빛이 도달하지 않는 어둠이 펼쳐져 있다. 수온도 15~17도로 차갑다. 마치 겨울 저녁 어슴푸레한 해 질 무렵 같다는 착각을 불러일으킨다.

나는 정적이 감도는 바닷속에서 몇 명의 수중 발굴 팀원과 함께 해저를 응시하며 모래로 뒤덮인 침몰선의 전경을 눈에 담고 있었다. 수중 발굴이 시작되고 20분가량 지났을까? 함께 작업을 하던 절친 로드리고가 허우적대며 급히 헤엄쳐 왔다.

"우오~~~~! 우오~~~~!"

물속에서는 산소를 흡입하기 위해 레귤레이터(스쿠버다이빙

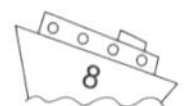

장비)를 물고 있기 때문에 대화를 할 수 없다. 그가 외치는 말이 정확히 무슨 의미인지는 몰랐지만 스쿠버 마스크 너머로 흥분된 눈동자가 보였다! 우리가 기다리고 기다리던 소식인가? 곧장 로드리고 뒤를 쫓았다.

우리가 발굴하고 있는 침몰선은 16세기경에 건조된 것으로 알려졌다. 11세기 이후에 건조된 목조선은 '프레임'이라는 목재를 여러 개 늘어세운 형태로 만들어져 있다. 사람의 골격으로 말하면 뼈대 역할을 하는 것이다.

이 배의 프레임은 이미 발굴되어 있었기 때문에 육안으로 확인이 가능했다. 우리가 찾는 것은 프레임 아래에 감춰져 있다. 하나하나 일정하게 늘어세운 커다란 목재와 목재 사이로 방금 로드리고가 발굴을 끝낸 작은 구멍이 보였다. 구멍 주변의 물은 아직 흙탕이어서 구멍 안이 보이지 않았다.

'빨리 확인해보고 싶어!'

급한 마음을 진정시키며 구멍으로 팔을 집어넣어 보았다. 지금까지 발굴된 어떤 목재보다도 큰 나무가 만져졌다. 420년 전 목재라고는 생각할 수 없을 정도로 미끈했다. 그리고 윗면 양쪽 코너에는 다른 목재를 끼우기 위한 홈이 있었다. 서양 배에 이처럼 홈이 있는 목재는 하나밖에 없다.

'틀림없는 킬(용골)이다!'

선수에서 선미까지 똑바로 배를 관통하는 목재를 '킬'이라고 하는데, 사람의 골격으로 말하면 척추에 해당한다. 목조선은 킬을 축으로 프레임과 다른 부위를 조립한다. 그래서 목조선 연구는 킬을 찾는 일이 첫걸음이다.

'드디어, 드디어 찾아냈어!'

어두운 구멍 속에서 팔을 꺼낸 다음 웃는 얼굴로 기다리고 있던 로드리고와 하이파이브를 했다(물속 하이파이브는 슬로모션이다). 이 기쁨을 로드리고에게 전하기 위해 힘껏 외쳤다.

"우오~~~~!"

다시 말하지만 물속에서는 말을 할 수 없기 때문에 불분명한 외침으로만 지금의 기분을 전할 수 있다. 하지만 충분했다. 로드리고는 고개를 끄덕였고 우리는 악수를 나눴다. 다이브컴퓨터(수심이나 수온 등을 알려주는 손목시계형 장비)를 봤다. 우리가 물속에 들어온 지 30분이 지났다.

'이제 올라갈 시간이다.'

우리는 침몰선의 다른 곳을 발굴하고 있던 여섯 명의 팀원과 합류했다. 수면까지는 겨우 27미터다. 하지만 잠수병을 예방하려면 20분에 걸쳐 천천히 올라가야 한다. 깊은 곳까지 잠수한 후 갑자기 수면으로 올라가면 주위 압력이 떨어져 몸속에 질소 기포가 생성되기 때문이다. 몸속에 기포가 있으면 마비나 통증, 어지러

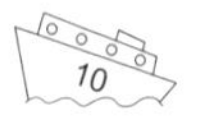

움, 구토 등의 증상이 나타난다.

'배에서 기다리고 있는 다른 팀원에게 우리가 킬을 발견했다고 말하면 어떤 반응을 보일까?'

서프라이즈 파티를 계획하는 아이처럼 두근거리는 마음을 애써 감추며 수면으로 향했다.

여기까지가 수중 고고학자인 나의 발굴 현장 풍경이다. '수중 고고학'은 이름 그대로 물속에 가라앉은 유적을 조사하고 발굴하는 연구 분야다. 일반인들에게는 아직 익숙하지 않은 수중 고고학은 60년 전에 싹트기 시작한 학문으로, 지금은 유럽과 북미를 비롯한 세계 곳곳에서 수중 조사나 수중 발굴이 이뤄지고 있다.

나는 2009년부터 미국 대학원에서 수중 고고학을 공부했다. 미국에서 유학할 당시에 나는 영어를 전혀 하지 못했다. 맥도날드에서 햄버거를 주문하는 것조차 힘들어했을 뿐만 아니라 반년간 공부해도 토플 시험 독해 영역에서 1점밖에 받지 못했다. 하지만 수중 고고학이 너무 재미있고 더 알고 싶다는 마음이 간절했기 때문에 영어를 익힐 수 있었고, 미국 대학원에 입학하여 박사 학위도 취득했다.

박사 학위를 취득한 후에는 전 세계 바닷속을 누비며 침몰선 발굴과 연구를 수행하고 있다. 그리스에서는 눈물겹도록 아름다운 바다에서 발굴 작업을 했다. 새하얀 백사장과 푸르고 투명한 바다, 그 아래 잠들어 있는 50척 이상의 침몰선…. 꿈에 그리던 일을 이룬 것이다. 나는 해저에서 감동의 눈물을 흘렸다.

그러나 수중 고고학의 발굴 현장이 매번 꿈에 그리던 모습만은 아니었다. '드디어 첫 발굴이다!' 하고 기쁜 마음을 억누르며 달려간 곳은 각종 배설물과 동물 사체가 떠다니는 이탈리아의 더러운 강이었다.

수중 고고학 연구자들은 물이 깨끗하든 더럽든 상관하지 않는다. 침몰선이 있는 곳이면 어디든 여지없이 뛰어든다. 이 강의 바닥에도 2,000년 전의 고대 선박이 잠들어 있다. '직접 눈으로 확인하고 연구해보고 싶다'는 결의를 다지고 잠수해서 보니 어제 침몰했다고 해도 믿을 정도로 잘 보존된 배가 묻혀 있었다.

발굴을 위해 중앙아메리카의 코스타리카로 향한 적도 있다. 현지 사람들 사이에서 해적선으로 소문이 자자한 배가 잠들어 있었던 것이다. 야생 원숭이 떼의 합창에 골머리를 썩어가며 침몰선 탐정이 되어 추리한 결과, 이 배는 해적선이 아니라 코스타리카 사람들의 뿌리와도 깊은 관련이 있는 덴마크 노예선이라는 사실을 알게 되었다.

뿐만 아니라 미크로네시아의 해저에서는 산호와 열대어에 둘러싸인 일본군의 제로센 전투기를 조사하기도 했다. 아름답고 몽

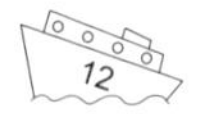

환적인 광경이었지만, 그 배경에는 제2차 세계대전 당시 일본과 미크로네시아의 역사가 감춰져 있다. 그 유적들을 조사하며 수중 전쟁 유적이 품고 있는 이야기를 밝혀내고 싶다는 생각이 들었다.

고고학 유적 발굴은 혼자서 할 수 있는 일이 아니기 때문에 수십 명이 협력해야 할 때도 있다. 사람이 모여 있으면 그 속에서 사랑이 싹트기도 하고, 동시에 질투의 화신이 되기도 한다. 일을 하기 위해 모였지만 여기저기서 사랑의 쟁탈전으로 인한 소란이 생기기도 한다.

이렇듯 침몰선 발굴 현장의 다양한 이야기를 이 책에 생생하게 담아냈다. 그럼 함께 수중 침몰선 유적을 찾아서 떠나보자!

이 책에 나오는 수중 발굴 현장

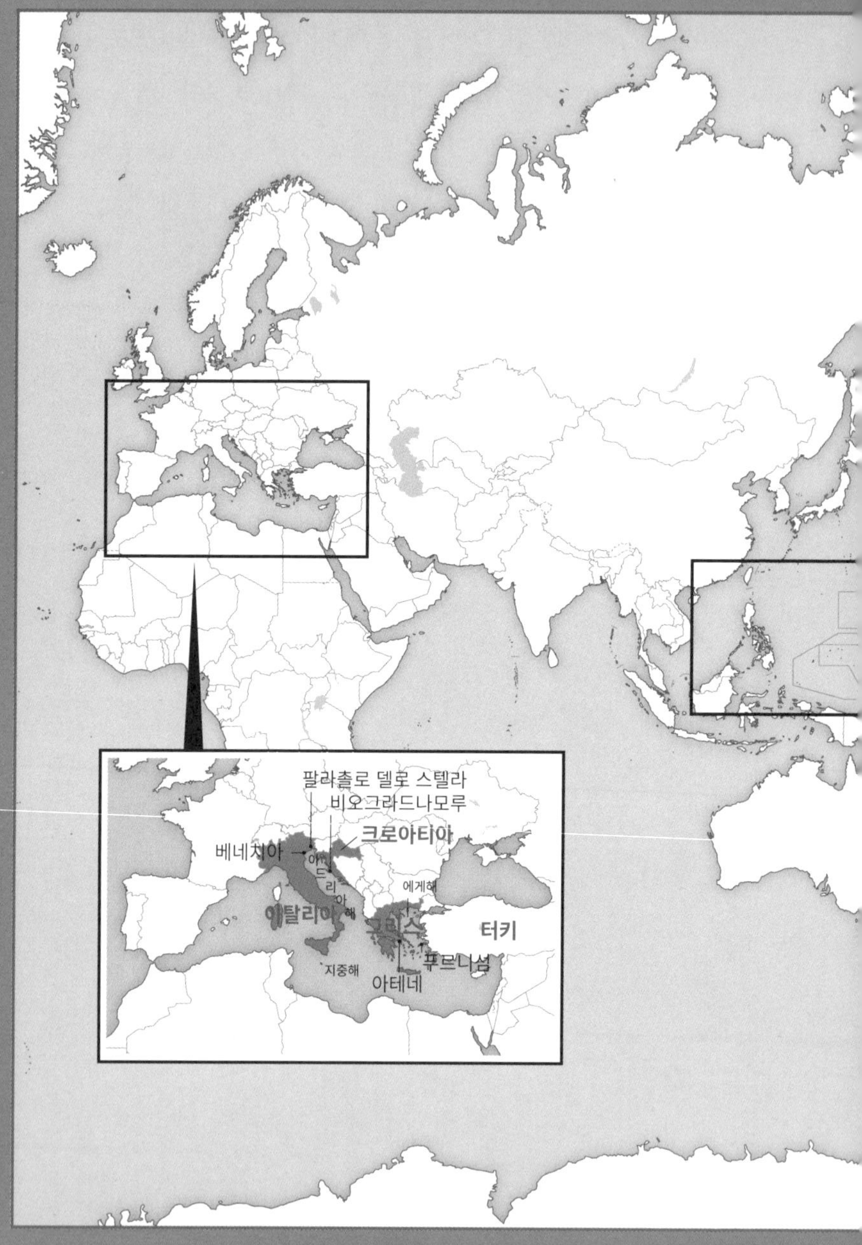

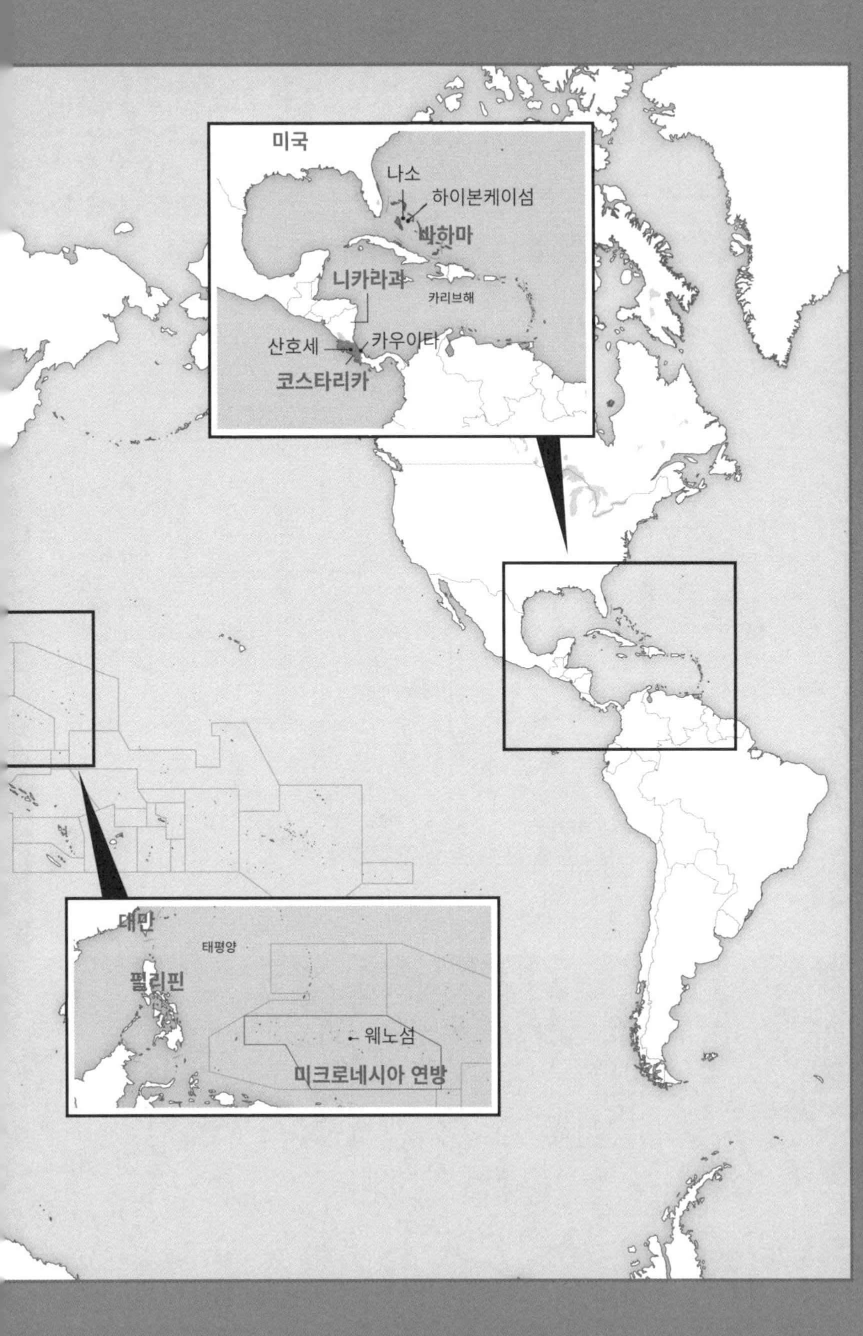

미국
나소
하이본케이섬
바하마
니카라과
카리브해
산호세
카우이타
코스타리카
대만
태평양
필리핀
웨노섬
미크로네시아 연방

배의 주요 구조 명칭

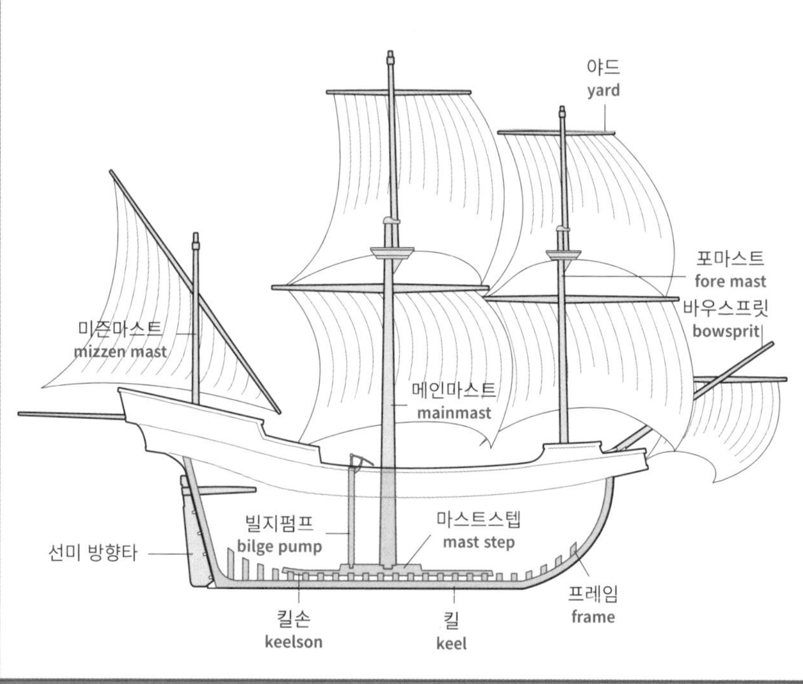

야드
yard
포마스트
fore mast
바우스프릿
bowsprit
미즌마스트
mizzen mast
메인마스트
mainmast
빌지펌프
bilge pump
마스트스텝
mast step
선미 방향타
프레임
frame
킬손
keelson
킬
keel

인류는 농경민이 되기 전부터 뱃사람이었다

300만 척의 침몰선

최근 몇 년 사이에 역사적으로 귀중한 침몰선 수중 유적이 잇달아 발견되고 있다. 수중탐사기기의 발달과 함께 스쿠버다이빙이 레저로 각광받으면서부터다. 그리스의 에게해에 있는 섬 주변에서는 4년 동안 58척의 침몰선이 발견되기도 했다(이 내용에 대해서는 4장에서 상세히 소개하겠다).

유네스코는 세계적으로 '침몰한 지 100년이 넘은', '수중 문화유산에 해당하는 침몰선'이 적어도 300만 척이라는 수치를 내놓았다. 300만 척이 많다고 생각할 수도 있다. 하지만 일기예보와 수중 레이더, 해도(항해용 지도)와 조선기술이 발달한 현대 일본에서도 배가 전복하거나 침몰하는 해난 사고가 매년 100건 이상 발생한다.

이런 사고가 지난 1,000년 동안 일어났다고 가정하면 일본에만 10만 척의 침몰선이 존재한다는 계산이 나온다. 그리스 연안의 섬 주변에서 58척의 침몰선이 발견된 것은 그리 놀랄 만한 사건이 아니라는 의미다. 오히려 적은 편이라고 할 수 있다. 세상에는 아직도 사람의 손을 타지 않은 채 바닷속에 잠들어 있는 침몰선이 엄청 많다.

수중 고고학

침몰선처럼 바다나 강, 호수 등 물속에 잠들어 있는 유적과 유물을 발굴하고 연구하는 학문을 수중 고고학이라고 한다. 수중 고고학을 육상 고고학과 쌍을 이루는 독립적인 학술 분야로 생각하는 사람도 있다. 하지만 수중 고고학은 우리가 흔히 알고 있는 육상 고고학의 일부다. 다만 수중이라는 특수한 환경에서 유적이나 유물이 발견되기 때문에 육상에서 발견되는 유적이나 유물보다 보존 상태가 압도적으로 좋은 경우가 많다.

수중 고고학은 발굴 작업이나 해저 인양 유물의 보존처리 작업에 특수한 기술과 지식이 필요하다. 이런 기능을 익힌 고고학자를 '수중 고고학자'라고 부른다. '바닷속에서도 발굴 작업이 가능한 육상 고고학자'가 수중 고고학자인 셈이다.

여기서 한 가지 짚고 넘어가면 고고학의 진수는 발굴이 아니

라 발굴한 유적이나 유물을 연구하는 데 있다. 이런 의미에서 이집트의 해저에서 신전이 발견되면 이집트 고고학 분야의 수중 고고학자가 투입되어야 하고, 일본 아스카 시대의 고분이 물속에서 발견되면 해당 분야를 전문으로 연구하는 수중 고고학자가 발굴과 연구를 수행해야 한다.

참고로 내 전문 분야는 물과 바다에 관련된 인류의 역사를 연구하는 수중 고고학 중에서도 '선박 고고학'이다.

선박 고고학

"인류는 농경민이 되기 전부터 뱃사람이었다."

선박 고고학이 왜 중요한지 사람들에게 설명할 때 선박 고고학자들이 자주 쓰는 말이다. 일찍이 배는 교역과 전쟁에서 가장 중요한 역할을 맡아왔다. 아프리카에서 세계 각지로 뻗어간 인류, 특히 호모 사피엔스는 물보다 가벼운 질량을 가진 재료를 엮어서 뗏목을 만들었다. 그러다가 보다 많은 사람과 물건을 운반하기 위해 통나무 내부를 파낸 U자형 단면의 환목주丸木舟를 만들었고, 다시 환목주 옆쪽에 나무판을 덧대어 대형화한 준구조선準構造船 형태로 개량했다. 환목주나 준구조선 유적은 세계 각지에서 발굴되고 있다.

시간이 흘러 고대 이집트 문명 시대가 되자, 드디어 크고 복잡한 배가 만들어지기 시작했다. 19세기 말, 비행기가 발명되기 전까지 사람이 바다를 건널 수 있는 수단은 오로지 배뿐이었다. 자연스레 그 시대의 최첨단 기술을 모두 포함하고 있다. 따라서 과거 문명이 만든 배의 구조를 연구하는 일은 우리 자손이 미래에 21세기 우주 왕복선이나 우주 정거장을 연구하여 당대의 기술 수준을 가늠하는 것과 같다.

예컨대 침몰선이 수송선이라면 많은 화물을 실었을 가능성이 높다. 고대부터 내륙 지역의 다양한 상품이 항구를 통해 배에 실려 다른 먼 항구로 운반되고, 그 상품들은 다시 각지로 흩어져갔다. 그래서 침몰선의 화물을 연구하고 분석하면 당시 사람들의 무역 시스템을 상당한 수준까지 자세하게 재현할 수 있다.

조선기술과 화물 종류. 이 두 가지가 선박 고고학에서 중요한 키워드인 셈이다.

수중 유적은 타임캡슐

수중 유적 대부분이 배에서 발견된다는 점도 선박 고고학이 주목받는 큰 요인이다. 배가 침몰한 해저가 모래로 이루어져 있다면, 화물의 무게나 침몰선 자체가 일으키는 해류의 변화 때문에

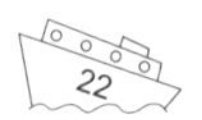

선체가 많은 모래에 뒤덮인다. 이로 인해 무산소 상태가 유지되어 유기물도 몇 천 년 동안 깨끗한 상태로 보존되는 환경이 만들어지는 것이다. 침몰선을 진공 팩에 넣어 냉장고에 보관하는 것과 같다(참고로 해저가 암석이면 목재를 갉아먹는 배좀벌레조개 등의 해양 생물이나 해류의 영향으로 수중 유적은 수년 만에 삭아버린다).

지금까지 여러 척의 고대 선박 발굴에 참가했지만 해저에서 발굴한 선체의 목재나 화물은 어제 침몰한 것처럼 깨끗한 상태였다. 보존 상태가 육상에서 발굴된 유적에 비해 월등히 뛰어나기 때문에 지금까지 알아내지 못했던 사실을 밝혀내는 경우가 많다. 이런 점이 바로 수중 유적의 매력이 아닐까? 이런 이유로 수중 유적은 고고학자들 사이에서 '타임캡슐'이라고 불린다.

육상 유적은 밀푀유

육상 유적과 수중 유적의 또 다른 차이는 바로 연속성이다.

육상 유적은 밀푀유처럼 '층'을 이뤄 발견되는 경우가 많다. 마을이나 도시의 유적은 옛 건물이 무너지고 그 위에 다음 시대의 건물이 들어선다. 실제로 오늘날의 이탈리아 로마를 발굴하면 다양한 시대의 흔적이 층을 이뤄 드러난다. 이처럼 육상 유적은 연속성을 갖기 때문에 유적의 발굴과 연구로 시대의 흐름을 가늠할 수 있다.

이에 비해 어딘가에서 와서 어떠한 이유로 침몰한 수중 유적은 그 지역과의 관련성을 거의 찾아볼 수 없다. 시간이 단절된 유적인 것이다. 수중 유적을 발굴해보면 배가 침몰하는 순간을 담은 역사가 선명하게 드러난다. 이런 의미로 수중 유적은 고고학에서 발굴, 연구하는 다른 유적과 다소 다른 모습을 가지고 있다.

유적 파괴자 트레저 헌터

사람들과 수중 고고학에 관한 이야기를 나누다 보면 '침몰선을 찾으면 일확천금을 노릴 수 있겠군요', '금화를 찾으면 몰래 숨겨 와요'라고 말하는 사람이 반드시 있다. 연예인이 트레저 헌터 treasure hunter의 조수가 되어 금은보화를 찾으러 다니는 텔레비전 예능 프로그램을 본 적도 있다.

하지만 트레저 헌터가 얼마나 추악한 행동을 저지르는지 정확하게 알아야 한다. 트레저 헌터의 목적은 역사 연구도, 유물 보존도 아닌 돈이다. 이들은 그저 도굴꾼에 지나지 않으며, 트레저 헌팅은 유적을 파괴하는 행위다.

트레저 헌터는 침몰선 유적을 발견하면, 자기들이 모는 배의 스크루 프로펠러 뒤쪽에 L자형 파이프를 장착하여 물 흐름이 아

래로 향하도록 스크루를 조정해서 강한 물살을 해저로 분사한다. 이렇게 하면 침몰선 본체가 철저히 파괴된다. 심지어 수심이 깊을 때는 다이너마이트를 사용하기도 한다. 이런 방법으로 침몰선이 산산조각 나면 금속 탐지기로 해저에 흩어져 있는 금화나 은화 같은 유물을 찾아 옥션 등에서 판매한다.

다른 학문과 마찬가지로 고고학도 많은 선행 연구자가 알아낸 지식과 반복된 가설 검증을 통해 역사의 진실을 서서히 밝혀낸다. 앞선 세대의 고고학자들이 정확한 정보를 남겨줬기 때문에 지금 세대의 고고학자들이 새로운 데이터를 더하고, 비교하면서 역사의 수수께끼를 푸는 작업을 할 수 있는 것이다. 우리도 수십 년 혹은 수백 년 후의 고고학자를 위해 유적의 정보를 남겨야 한다. 트레저 헌터는 이런 중요한 사명을 망가트리고 방해하는 자들이다.

최근에는 트레저 헌터 스스로 수중 고고학자나 해양 고고학자라고 밝히는 경우도 있다. 트레저 헌팅이 국제적으로 명백한 범죄 행위임을 알고 있기 때문에 수중 고고학자라는 허위 신분을 이용하는 것이다. 경력을 위조한 웹사이트를 만들어 권위 있는 고고학자 행세를 하기도 한다.

이들은 고고학 발굴 작업을 수행한다는 교묘한 거짓말로 사람들에게 접근한 다음, 뒤로는 유적을 파괴하고 돈벌이가 될 만한 물건만 손에 넣는다. 이들의 유적 파괴 활동은 바닷속에서 은밀하게 벌어지기 때문에 사람들이 알 수 없다. 그렇기 때문에 트레저 헌터들이 유적 파괴를 겁도 없이 자행하고 있는 실정이다.

다행히 일본이나 한국에서는 트레저 헌터의 활동이 활발하지 않다. 하지만 언젠가는 유럽과 미국 등에서 활동이 어려워진 트레저 헌터 일당이 아시아나 아프리카 국가를 타깃으로 삼을 가능성이 높다.

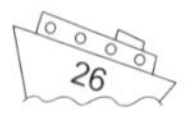

2장

발굴 현장에는 사랑과 혼돈이 따라붙는다

제2의 고향, 크로아티아

내가 유럽에서 연구 및 발굴을 진행할 때 거점으로 삼는 나라는 크로아티아다.

크로아티아는 아드리아해를 사이에 두고 이탈리아의 건너편에 위치한 나라다. 이탈리아 반도는 지중해를 동서로 나누는 역할을 한다. 동지중해에는 일찍이 고대 이집트 문명을 비롯하여 고대 그리스, 페니키아, 고대 로마, 비잔틴 제국, 베네치아 공화국 등이 번영해왔다. 이들 문명과 유럽 대륙 본토와의 교역은 아드리아해 북쪽 끝에 위치한 베네치아를 통해 이루어졌다. 베네치아와 동지중해를 잇는 항로에 위치한 곳이 크로아티아의 연안인 아드리아해다. 그래서 이 지역에는 고대 그리스 문명부터 오늘날에 이르기까지 실로 다양한 시대의 배가 침몰해 있다.

나에게 크로아티아는 제2의 고향이나 다름없다. 유럽에서 발굴 조사 프로젝트를 진행할 때면 크로아티아에 거주하면서 현지 고고학자들과 연구를 수행한다. 일본과 유럽을 왔다 갔다 하는 비행기 값이 아깝다는 그럴듯한 핑계를 대곤 하지만, 실제로는 세계를 돌아다니는 일을 하고 있으면서도 높은 곳과 비행기가 무섭기 때문이다. 비행기를 탈 때면 공포로 패닉에 빠질 것만 같다. 그래서 비행기 타는 횟수를 억지로라도 줄이려고 노력한다. 참고로 배 연구가 직업이면서도 뱃멀미가 심한 편이다.

크로아티아에서 가장 인상 깊었던 발굴 작업은 연구를 크게 진척시키는 데 반드시 필요한 발견을 했을 때다. 그 이야기를 해볼까 한다.

작은 바위, 그날리체 프로젝트

크로아티아를 처음 방문한 해는 2012년 여름이다.

나는 2012년 여름에 텍사스A&M대학교 석사 과정을 무사히 수료하고 곧바로 박사 과정을 밟을 예정이었다. 미국의 대학교는 2학기제로, 9월에 입학해서 12월 초까지가 가을 학기, 1월 중순부터 5월 초까지가 봄 학기이다. 고고학 프로그램에 소속된 교수나 학생에게는 수업이 없는 여름, 3개월 반 동안이 침몰선이 잠들어 있는 현장에 참가할 수 있는 '발굴 시즌'이다. 그해 여름, 나는 텍

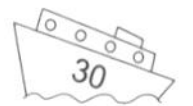

사스A&M대학교에 소속된 연구실 실장인 카스트로 교수의 조수로 크로아티아에서 이뤄지는 발굴 조사에 동행하게 되었다.

수중 고고학의 세계에서는 배의 이름을 알 수 없을 경우, 발견 장소가 침몰선과 발굴 프로젝트의 명칭이 된다. 이때 발견된 침몰선 근처에는 지름 50미터 정도의 작은 바위섬이 있는데, 지역민들은 그날리체Gnalić라고 불렀다. '작은 바위'라는 뜻이다. 그래서 침몰선 이름은 '그날리체 침몰선', 발굴 프로젝트의 이름은 '그날리체 프로젝트'가 되었다.

이 배는 50년 전에 이미 한 번 발굴 조사가 진행된 적이 있는, 크로아티아 고고학회에서는 제법 유명한 침몰선이다. 당시 조사에 따르면, 선체 크기는 적어도 가로 20미터, 세로 8미터였으며, 샹들리에와 유리 제품 등 호화로운 장식품을 비롯한 다양한 화물이 인양되었다고 한다. 당시 발견한 화물을 조사해 이 배가 16세기 또는 17세기 베네치아 공화국의 화물 운반선임을 알 수 있었다.

2012년에 진행한 조사는 본격적인 발굴 조사에 앞선 시굴 조사가 목적이었다. 열흘간의 시굴 조사, 앞뒤로 닷새간 준비 과정, 일주일간 예비 조사를 포함해 약 3주에 걸쳐 진행되었다.

침몰선은 항구에서 기다린다

크로아티아의 거리는 흰색 벽과 오렌지색 지붕으로 덮여 있다. 여기에 녹색 풀과 나무가 곳곳에 있고, 그 앞으로는 푸른 아드리아해가 감동적으로 펼쳐져 있다. 간조와 만조의 차이가 크지 않기 때문에 해안가 바로 근처까지 건물이 들어서 있다. 일본의 항구 도시와는 사뭇 다른 풍경이다.

크로아티아의 연안에는 1,000개 이상의 섬이 모여 있기 때문에 반드시 여객선이나 개인 선박이 필요하다. 스포츠 세일링도 인기가 높아 요트 클럽을 쉽게 찾아볼 수 있으며, 아름다운 삼각형의 돛단배가 열을 지어 정박해 있는 모습을 자주 목격할 수 있다. 이런 이국적인 모습 덕분에 현지에 도착하자마자 '드디어 프로젝트가 시작되었구나' 실감한다. 매번 설레고 가슴이 두근거린다.

발굴 현장이라고 하면 으레 영화 〈인디아나 존스〉나 〈쥬라기 공원〉처럼 사람의 손이 닿지 않는 은밀한 지역을 떠올릴지 모르겠지만, 침몰선은 사람이 북적이는 항구 도시 근처의 해안에서 발견되는 경우가 많다. 나는 2020년까지 20개국에서 서른 번의 발굴 프로젝트에 참가했지만 무인도 근처에서 발견된 침몰선은 세 번 밖에 없었다.

침몰선이 항구 근처에서 많이 발견되는 데에는 몇 가지 요인이 있다.

첫 번째 요인은 배가 해난 사고를 당하기 쉬운 장소가 항구 근처라는 점이다. 오늘날보다 훨씬 많은 해난 사고가 일어날 가능성이 높았던 옛날 범선도 기본적으로는 침몰하지 않는 구조로 만들어져 있다. 엄청난 태풍을 만나지 않는 이상 항해 중에 배가 침몰하는 일은 우리 생각보다 훨씬 적다.

그럼 범선은 어떤 상황에서 해난 사고를 당할까? 항구를 빠져나갈 때와 항구로 들어올 때가 압도적으로 많다. 배는 기본적으로 수심이 얕은 해안선과 거리를 두고 이동한다. 그런데 암초나 얕은 여울에 배의 바닥이 닿거나 올라타게 되면 배가 좌초할 위험이 매우 높다. 또한 출항할 때 화물을 지나치게 많이 싣거나 반대로 너무 가벼우면 균형이 무너져서 배가 전복되기도 한다. 의외로 먼바다보다는 항구 가까운 곳에서 해난 사고가 빈번히 일어나는 것이다. 그리고 옛날부터 항구였던 곳은 지금도 항구인 경우가 많다.

두 번째 요인은 침몰선을 발견할 확률이다. 침몰선은 '여기가 침몰 지점이야!' 하고 연구자들이 지정해서 발견하는 사례가 매우 드물다. 오히려 현지 어부나 취미로 스쿠버다이빙을 하는 다이버가 우연히 발견하는 경우가 대부분이다. 그래서 발굴 기지는 대체로 항구와 가까운 곳일 수밖에 없다.

발굴 기간 중에는 현지에 있는 아파트를 빌린다. 집 전체를 빌려서 취침용 방, 조사용 방, 식사용 방 등으로 공간을 구분하고 몇 주에서 몇 달까지 팀원들이 공동생활을 하며 지낸다. 우리들이 3주 동안 머문 곳은 아름다운 항구 도시인 비오그라드나모루Biograd na Moru의 외곽에 위치한 아파트였다.

킬을 찾아라!

이번 발굴 프로젝트에 참가한 미국 텍사스A&M대학교 연구자는 모두 네 명이다. 우리는 먼저 크로아티아 팀의 리더인 자다르대학교University of Zadar 이레나 로시 교수와 함께 현지 박물관에서 지금까지 인양한 화물을 비롯하여 50년 전 발굴 자료를 확인하고 조사했다. 그리고 침몰선 부근에서 화물을 건져 올렸다는 현지 어부를 만나 인터뷰했다. 다행히 자다르대학교 고고학 박물관 자료 창고에서 50년 전에 촬영한 사진과 유적 스케치(간이 실측도)를 찾아냈다.

이런저런 자료를 수집하면서 이번 발굴 조사에서 가장 먼저 해결해야 할 목표도 세웠다. 바로 선저부船底部를 찾아내는 일이다. 선저부가 우선인 이유는 조선기술 정보가 집약되어 있는 곳이기 때문이다.

배를 만들 때는 가장 먼저 선저부를 만든다. 프롤로그에서도

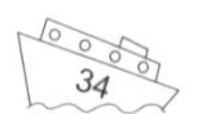

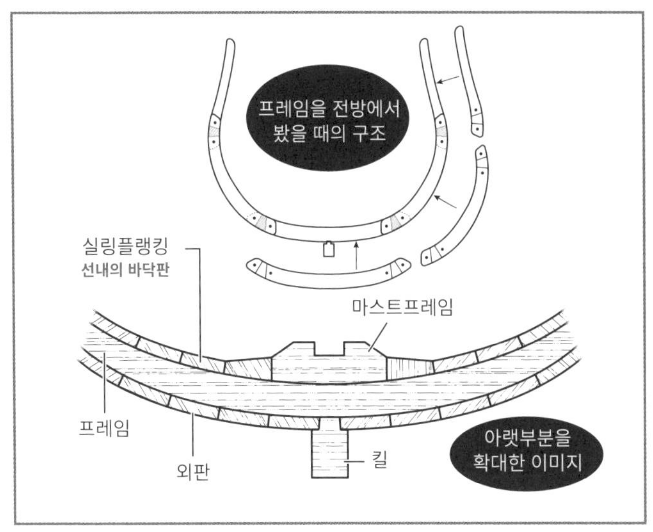

언급했지만, 선체의 척추에 해당하는 킬이라는 목재를 가장 먼저 조립한다.

킬은 배의 선수부터 선미까지 일자로 관통하고, 킬 위에 프레임이나 외판을 조립해서 배를 만든다. 킬의 중앙부 부근에는 선폭이 가장 넓은 곳에 위치하는 목재, 마스트프레임이 있다. 배는 선폭이 가장 넓은 곳에서 앞뒤로 서서히 폭이 좁아지는 구조다. 그래서 마스트프레임은 배의 전체 모양을 결정하는 중요한 토대, 즉 DNA라고 할 수 있다.

마스트프레임 외에도 바람의 힘을 받아 선체로 전달하는 돛대 밑판인 마스트스텝, 선체로 흘러들어 온 바닷물을 배출하는 빌지펌프 등 중요한 장치들이 선체 중앙의 선저부에 모여 있다. 그야말로 배의 심장부라고 할 수 있는 곳이다(196페이지 그림 참고).

이렇듯 선저부는 선박 고고학자가 당시의 조선기술을 이해하기 위해 반드시 확인해야 할 부분이다. 그리고 선체 중앙의 선저부를 찾기 위해서는 가장 먼저 킬을 찾아야 한다. 하지만 선저부를 찾는 작업이 생각만큼 쉽지 않다. 발굴 작업으로 선체가 드러났다고 해도 침몰선을 처음 발견한 사람에게는 그저 산산조각 난 목재 더미로밖에 보이지 않는다. 목조선은 침몰 후 몇 년이 지나면 플랑크톤이 선체를 갉아먹어서 부서지기 쉬운 상태가 되기 때문이다. 여기에 해류나 자체 무게 때문에 선체가 무너지는 경우가 많은데, 이런 상황에서는 선저부를 분간하기 힘들다.

영화 〈캐리비안의 해적〉에서 볼 수 있는 완벽한 침몰선은 기본적으로 존재하지 않는다(단, 염분 농도와 수온이 낮은 발트해나 흑해, 미국 오대호의 침몰선은 몇 백 년이 지나도 원형이 거의 보존되어 있는 경우가 많다). 그래도 목재의 형태나 목재를 연결하는 접합부의 흔적 등은 부위마다 규칙성을 보이기 때문에 예리한 예측으로 퍼즐 맞추듯 발굴 작업을 수행해야 한다. 이 작업이야말로 수중 고고학자의 실력을 증명해 보일 수 있는 대목이다.

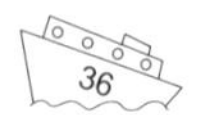

드디어 현장이다

수중 조사를 시작하는 날 아침. 드디어 그날이 왔다!

가볍게 아침을 먹고 거실에서 프로젝트 팀원이 모두 모여 전체 미팅을 했다. 로시 교수와 카스트로 교수는 열다섯 명의 팀원을 세 그룹으로 나눠서 그룹별로 해야 할 작업을 알려주었다. 미팅을 마치고 각 그룹은 작업에 필요한 기자재를 차에 싣고 숙소에서 5분 거리인 항구로 향했다.

이번 프로젝트는 참여 인원이 많기 때문에 현지 다이빙숍에서 2층짜리 훌륭한 다이빙 전용선을 대여했다. 침몰선 지점까지는 다이빙 전용선으로 한 시간 남짓 가야 했다. 우리는 배의 엔진이 완전히 멈추면 바로 잠수할 수 있도록 선내에서 다이빙 장비와 작업에 필요한 도구를 준비했다. 잠수복 위에 산소 탱크를 장착한 다이빙용 재킷을 입었다.

해외에서 수중 고고학 프로젝트를 진행할 때는 18리터 산소 탱크를 주로 사용한다. 이번에도 18리터 산소 탱크다. 빈 산소 탱크는 22킬로그램이며, 공기를 가득 채우면 약 27킬로그램이다. 이 산소통을 매면 육상에서는 움직이기도 힘들다. 하지만 물속으로 뛰어들면 그 무게를 느낄 수 없다.

바람은 잔잔하고 파도도 없다. 선장이 계류(정박) 완료 사인을 보내자 로시 교수와 카스트로 교수가 작업 내용을 최종 확인했고,

첫 번째 그룹 여섯 명이 물속으로 뛰어들었다. 드디어 50년 만에 그날리체 침몰선 발굴 작업이 재개된 것이다!

첫 번째 그룹의 작업은 수중 작업 시 지지대가 되어줄 철로 된 격자, 그리드grid를 해저로 운반하는 일이다. 침몰선의 목재는 몇 백 년이나 물에 가라앉아 있었기 때문에 물을 머금은 스펀지처럼 부드러워서 무너지기 쉬운 상태인 경우가 많다. 그래서 발굴 작업을 진행하는 다이버는 물갈퀴가 일으키는 물살에 목재가 상처 나지 않도록 물갈퀴 없이 작업해야 한다. 웬만한 상급자가 아니면 물갈퀴 없이 거꾸로 선 자세를 유지하며 발굴 작업에 100퍼

유적 주위를 둘러싼 바가 그리드다

센트 집중하기 어렵다. 그래서 지지대가 되어줄 그리드가 필요한 것이다.

조립한 그리드 한 개는 가로 2미터, 세로 2미터 크기의 정사각형 모양이다. 해저 유적 위에 번호를 붙인 그리드를 바둑판 모양으로 엮는데, 이 그리드의 번호로 다이버의 작업 구역을 나누고 발굴한 유물의 위치를 대략적으로 관리한다.

두 번째 그룹은 첫 번째 그룹이 잠수하고 30분 뒤에 바다로 들어가 수중 발굴을 위한 도구인 드렛지dredge를 조립한다. 드렛지는 배수펌프를 개조한 장치로, 가솔린 엔진으로 가동한다. 간단히 말하면 수중 청소기다. 수중 고고학의 세계에서는 해저를 삽으로 직접 채굴하는 일은 없다. 한 손에 드렛지를 들고 해저의 흙과 모래 등을 흡입하여 발굴한다. 두 번째 그룹이 드렛지용 배수펌프와 관, 흡입구 역할을 하는 주름 호스 등을 해저로 운반해 작업을 완료했다.

그리드와 드렛지가 준비되고 수중 발굴 작업을 개시할 수 있는 상태가 되면 이제 내가 속해 있는 세 번째 그룹이 잠수할 차례다. 세 번째 그룹은 카스트로 교수 포함 네 명이다. 우리의 미션은 교수의 지시에 따라 드렛지를 이용해 수중 발굴을 하는 것이다.

드디어 현장이다! 몸이 근질근질하던 참이었다.

배는 어디에 있는 거야

잠수를 시작하고 수심이 깊어지면서 깜짝 놀랐다.

'물이 차다!'

크로아티아의 여름은 덥고, 해수면의 온도도 초등학생용 수영장 정도이기 때문에 7밀리미터 두께의 잠수복을 입어도 괜찮을 줄 알았다. 하지만 수심 8~10미터가 되자 순식간에 수온이 15도로 떨어졌다. 아직 해저는 보이지도 않는데 말이다. 끝이 보이지 않는 어두운 바닷속은 신비로웠지만, 불안감도 함께 엄습해왔다.

이윽고 해저에 도착한 우리는 카스트로 교수와 함께 조금씩

드렛지로 발굴하는 모습

이동하며 두 번째 그룹이 조립한 수중 드렛지를 찾았다. 시굴할 장소까지 드렛지를 운반해야 발굴 작업을 할 수 있다. 주위를 둘러봤다.

'침몰선은 어디에 있지?'

사전 조사 때 확인한 50년 전 수중 발굴 조사 사진에는 선체로 보이는 목재 구조물이 또렷이 찍혀 있었다. 하지만 현장을 아무리 둘러봐도 배는 보이지 않고, 해저에 모래만이 가득했다.

그도 그럴 것이 지난 50년간 조금씩 쌓인 모래가 침몰선을 완전히 뒤덮고 있었기 때문이다. 카스트로 교수는 아랑곳하지 않고 드렛지 흡입구를 해저 쪽으로 맞추고 조심스레 모래를 빨아들이기 시작했다. 카스트로 교수처럼 경험이 풍부한 수중 고고학자는 해저의 퇴적물 모양만 보고도 어디에 인공물이 있는지 예상할 수 있는 것이다.

'우와! 여기에 배가 있는지 어떻게 아는 거야?'

나는 감탄하며 카스트로 교수에게 방해되지 않도록 적당한 거리를 유지한 채 드렛지로 발굴 작업을 시작했다.

1회 30분, 1일 한 시간

수중에서의 발굴 작업은 의외로 평범하다. 모래 속에 있을지도 모를 유물이나 배의 파편 등이 빨려 들어갈 수 있기 때문에 드렛지 흡입구를 해저 표면에 직접 갖다 대면 안 된다. 오른손잡이인 나는 왼손에 드렛지를 들고, 오른손은 부채질하듯 흔들어 해저의 모래가 위로 떠오르게 한 다음 드렛지로 조금씩 흡입한다.

수염을 요령 좋게 움직여 해저의 모래를 흩날린 후 미생물을 잡아먹는 물고기가 있는데, 수중 고고학자의 작업 풍경과 많이 닮아 있나.

아무튼 뭔가 중요한 파편이나 유물이 없는지 모든 힘을 다해 집중해서 발굴 작업을 한다. 지루한 작업이지만 포장 뽁뽁이를 터트리는 것처럼 묘한 중독성이 있어서 단순 반복 작업을 좋아하는 나에게는 안성맞춤이다.

집중해서 발굴 작업을 하고 있는데 카스트로 교수가 어깨를 두드렸다. 작업 종료 시간인 것이다. 우리는 해수면까지 천천히 올라갔다. 잠수하기 전의 긴장감은 말끔히 사라졌고 다시 들어가서 작업하고 싶은 마음이 앞섰다. 하지만 몸에 부담을 주지 않으려면 물속에서 작업을 수행한 뒤 최소 두 시간은 몸속에 과도하게 쌓인 질소를 내보내야 한다.

수심 27미터 지점에서 이뤄지는 그날리체 침몰선 발굴 프로젝트에서 한 사람이 할 수 있는 해저 작업 시간은 한 번에 30분, 하루 한 시간에 지나지 않는다. 잠수 중에 몸에 축적되는 질소의

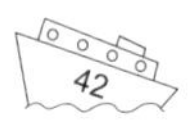

양을 고려한 한계 작업량이다. 물론 27미터보다 깊은 곳이면 작업 시간이 더 줄어들고 얕은 곳이면 더 오래 작업할 수 있다.

이러한 환경 탓에 수중 고고학 작업은 매우 더디게 진행되며 육상 고고학에 비해 하루에 소화할 수 있는 작업 시간이 매우 짧다. 시간과의 싸움인 셈이다.

조사 3일 차가 되자 드디어 선체로 보이는 목재가 드러났다. 침몰 직후에 화물의 무게로 해저 바닥에 파묻힌 선저부는 마치 어제 사고를 당한 것처럼 보존 상태가 훌륭했다. 목재에는 배를 만든 목수의 톱질 흔적까지 확실히 남아 있었다. 당시 사람들의 흔적을 직접 보고 있으니 작업에 큰 동기부여가 되었다.

이렇게 해서 가장 먼저 해결해야 할 목표를 달성했다. 당장이라도 킬을 찾고 싶은 마음이 샘솟았다. 마치 게임의 다음 스테이지가 궁금한 어린아이처럼 흥분되어 쉽게 잠들 수 없는 나날을 보냈다.

쉽지 않은 킬 찾기

하지만 바람은 이뤄지지 않았다. 발굴 첫해에 킬을 찾지 못한 것이다. 우리가 너무 안이했다. 매일 상상을 초월하는 화물이 출토되어서 일주일 동안 발굴한 화물이 무려 수백 킬로그램이나 되었다. 수중 발굴 작업 후 닷새 동안은 인양된 화물에 등록번호를 매기고 기록으로 남기기 위한 사진 촬영을 하느라 선체를 발굴할 여유가 없었다.

그리드로 구획을 나눈 곳 중 제대로 시굴이 이루어진 곳은 두 군데뿐이었고, 선체 구조는 극히 일부분만 드러났다. 나는 드러난 일부 선체를 측량하고, 지도에 기입했지만 범위가 너무 좁아서 선체 구조 중 어느 부분인지 알 수 없었다.

우리는 더딘 수중 작업에 대한 아쉬움을 안고 이렇게 엄청난 화물이 실려 있던 배는 과연 어떤 모습이었을까를 상상하면서 미국으로 돌아왔다. 내년에는 반드시 킬을 찾겠다는 각오도 다졌다.

2013년, 두 번째 도전

2012년의 경험을 교훈 삼아 2013년에는 더 많은 다이버를 투입하는 총력전을 계획했다. 텍사스A&M대학교에서 일곱 명, 크로아티아 자다르대학교에서 열 명의 대학원생이 참가했다. 거기에 크로아티아 고고학자와 전문 다이버들도 힘을 보태기로 했다. 이렇게 해서 서른 명 이상이 참가하는 최대 규모의 수중 고고학 프로젝트가 되었다. 작년에는 3주였던 발굴 작업 기간도 두 달로 대폭 늘렸다.

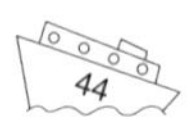

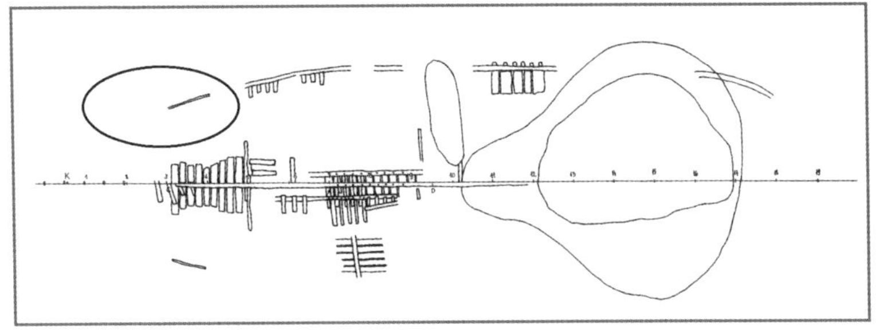

50년 전 실측도를 옮겨 그린 이미지.
왼쪽 상단의 동그라미 부분에서 남쪽으로 작업을 진행했다
(54페이지 실측도 참고)

나는 최근에 예닐곱 건의 발굴 프로젝트에 관여하고 있는데, 프로젝트 하나를 진행하는 데 걸리는 기간은 평균 2주이며 길어도 한 달 남짓이다. 수중 고고학의 발굴 프로젝트에서 두 달은 상당히 긴 시간이다.

학기 중에는 보통 과제와 시험에 쫓겨서 두더지처럼 연구실이나 도서관에 박혀 살았기 때문에 크로아티아의 아름다운 바다에서 보낼 나날을 손꼽아 기다리고 있었다. 그래서 5월 말, 여름방학이 시작되자마자 곧장 크로아티아로 떠났다.

50년 전 발굴 조사 때 작성한 실측도에 따르면, 우리가 2012년에 시굴한 지점은 유적 전체 중 북서쪽 끝부분에 해당하는 것으로 추측할 수 있었다. 실측도가 틀리지 않다면 배의 구조상 선수

근처의 우현(오른쪽 측면)이다. 킬은 선수에서 선미까지 선체를 일자로 관통하기 때문에 2012년에 발굴 작업을 진행한 지점에서 남쪽으로 이동하다 보면 좌현(왼쪽 측면)에 닿기 전에 반드시 킬을 찾을 수 있다.

그래서 2013년에는 2012년 발굴 지점을 기점으로 남쪽으로 8미터 정도 더 떨어진 곳까지 발굴 작업을 진행했고, 동쪽으로도 조금씩 발굴해나갔다. 2013년 발굴 시즌이 끝날 무렵에는 남북으로 8미터, 동서로 10미터 범위까지 선체가 드러났다.

발굴증후군

결과부터 이야기하면, 2013년 발굴 프로젝트도 킬을 찾지 못한 채 끝나고 말았다. 다만 그해 작업을 통해 '학생들을 중심으로 프로젝트팀을 구성한 수중 고고학 프로젝트가 얼마나 어려운지'를 배웠다.

먼저 남녀 관계에서 문제가 생긴다. 프로젝트에 참여한 학생들은 젊다. 대학원생이라고 해봐야 대부분 20대이다. 미국인 대학원생 여섯 명, 크로아티아인 대학원생 열 명과 나는 큰 아파트를 빌려서 2개월이나 공동생활을 했다. 문제가 생기지 않는 게 이상한 일이었다.

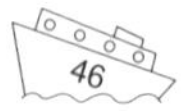

문제는 일주일도 지나지 않아 터졌다. 미국인 여학생이 크로아티아인 남학생에게 푹 빠진 것이다. 남학생도 처음에는 호감을 보였지만, 여학생이 자신에게 반했다는 확신이 생기자 갑자기 차갑게 대하기 시작했다. 여학생은 상심에 빠져 지내다가 질투심을 불러일으키기 위해 다른 크로아티아인 남학생에게 접근하는 일도 서슴지 않았다. 해야 할 일을 제쳐두고 남자에게 환심을 사려는 모습에 크로아티아 팀은 혀를 내두를 수밖에 없었다.

또 다른 미국인 대학원생 남녀는 핑크빛 무드에 휩싸여 있었다. 남학생은 미국에 여자 친구가 있었지만 어차피 먼바다 저편에서 피우는 바람이 들킬 리 만무하다 싶었는지 여학생에게 치근덕거렸다. 하지만 다른 크로아티아인 남학생도 그 여학생을 마음에 두고 있었다.

여기에 한 쌍이 더 있었다. 크로아티아인 대학원생끼리 사랑에 빠졌는데, 알고 보니 각자 다른 연인이 있었다.

'도대체 이게 무슨 일이야?'

그 후에 여러 나라를 돌며 다양한 프로젝트를 진행하면서, 젊은 참여자가 많으면 이런 혼돈의 사태가 자주 벌어진다는 사실을 알게 되었다. 우리끼리는 이런 현상을 엑스커베이션 신드롬 excavation syndrome(발굴증후군)이라고 불렀다. 다시 말해 발굴 현장에서는 사랑의 콩깍지가 씌기 쉽다는 말이다.

마의 3주째

수중 고고학 프로젝트는 '3주째'가 되면 한계점에 달한다. 아무리 체력이 좋아도 매일 수중 작업을 하면 피로가 점점 쌓이기 마련이다. 피로감이 최고조에 이르는 시점은 대체로 2주가 지날 무렵이다.

프라이버시가 보장되지 않는 생활도 스트레스가 쌓이는 이유이다. 아파트를 빌려서 방 하나에 대여섯 명이 공동생활을 해야 하는데, 혼자 시간을 보낼 공간은 아예 없다. 원하는 시간에 화장실 사용도, 샤워도 하지 못한다. 처음에는 함께 모여 지내는 시간이 즐거워도 공동생활이 서툰 학생들에게 이런 환경은 고역이다. 그래서 대부분은 2주가 지날 무렵이 되면 폭발 직전에 이른다.

2013년 그날리체 프로젝트에서도 3주째에 큰소리를 내며 얼굴을 붉히는 일이 생기기 시작했다. 크로아티아인 남학생을 좋아하던 미국인 여학생은 침울한 모습으로 매일 울면서 지냈기 때문에 다른 학생들의 반감을 샀다. 서로 바람을 피우고 있던 크로아티아인 커플은 하루도 빠짐없이 다퉜다. 게다가 미국인 여학생을 두고 경쟁하던 크로아티아인 남학생과 미국인 남학생은 주먹질을 하는 상황까지 치달았다.

발굴 작업에 몰두하던 카스트로 교수와 로시 교수도 뒤늦게 상황의 심각성을 깨닫고는 학생들을 불러서 주의를 주거나 작업 시간을 조정해서 사이가 나쁜 학생들을 떨어트려봤지만, 이미 늦은 후였다. 교수들은 학생들이 일으키는 문제를 해결하느라 발굴 작업에 집중할 수 없어서 화가 뻗친 모습이었다. 그사이에 나는 교수들이 해야 할 중요한 작업 일부를 맡는 행운을 얻기도 했다.

2013년 프로젝트를 마치고 돌아오는 비행기 안에서 몇 번이고 되뇌었다.

'문제를 일으키지 않는 팀원을 선택할 것!'

2014년, 세 번째 도전

2014년 여름에 다시 크로아티아를 방문했다. 벌써 3년째다.

'이번에야말로 킬을 찾아내겠어!'

이런 다짐 탓인지 이제는 두근거리는 설렘보다 조급함이 앞섰다.

두 교수도 작년 일을 교훈 삼아서 신뢰할 수 있는 팀원을 선발했다. 텍사스A&M대학교 학생은 나를 포함해 다섯 명이었다. 이 중에는 대학원에서 가장 친하게 지내던 브라질인 유학생 로드리고(선박 고고학 박사 과정)와 그의 아내 사미라(문화인류학 박사 과정)도 있었다. 포르투갈인 카스트로 교수를 포함한 우리 네 명은 매일 대학 연구실에서 얼굴을 마주하는 것도 부족해서 거의 매주

주말이면 카스트로 교수 집에 모여 낮부터 술 파티를 하며 가족처럼 지내는 사이였다. 미국에서는 우리 모두가 외국인이었기 때문에 더 친하게 지냈던 것 같다.

크로아티아 쪽 팀원 선발을 맡은 로시 교수는 그날리체 프로젝트가 시작되기 수개월 전에 다른 수중 유적에서 필드 스쿨을 개최했고, 그 가운데 우수한 성적을 보인 학생 일곱 명을 데리고 왔다. 여기에 유럽 각국에서 수중 발굴 경험이 있는 고고학자와 대학원생도 참여하여 그야말로 다국적 발굴 팀이 꾸려졌다. 2014년에도 두 달 동안 프로젝트를 진행했다.

왜 보이지 않는 거야

아무리 찾아봐도 킬이 보이지 않았다.

'뭔가 잘못됐어!'

2013년 발굴 시즌 중반부터 이런 생각이 들기 시작했다. 2년이나 발굴에 매진했지만 킬의 행방은 오리무중이었다. 분명히 실측도를 참고하고 있는데 이렇게 오랫동안 발견되지 않다니 참 이상한 일이었다. 선박 구조사가 전문 분야인 카를로스 교수도 같은 생각이었다.

배를 안전하게 운항하기 위해서 보통은 선체의 중심을 낮춘

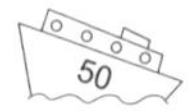

다. 이렇게 하지 않으면 선체의 균형이 무너지기 때문이다. 그래서 낮은 곳에 무거운 화물부터 적재하고 가벼운 화물은 그 위에 쌓는다.

2013년 발굴 시즌이 끝날 무렵에 그날리체 침몰선 유적 남서쪽 방향에서 길이 120센티미터, 지름 70센티미터의 큰 나무통이 열을 이룬 모양으로 발견되었다. 나무통 대부분이 썩어 있어서 내용물은 알 수 없었지만 전체 무게로 따지면 최소 100킬로그램 이상은 됨직했다.

여기서 얼마 떨어지지 않은 남쪽 방향에서도 길이 50센티미터, 지름 40센티미터 정도의 작은 나무통이 여러 개 발견되었다. 내용물은 백연白鉛의 잉곳ingot(금속 또는 합금을 한 번 녹인 다음 주형에 흘려 넣어 굳힌 것이다－옮긴이)으로, 나무통의 무게는 40킬로그램 정도였다. 이만큼 무거운 화물을 싣고 있다는 것은 이곳을 선저부로 봐도 무방하다는 의미다. 즉 50년 전 실측도에 따르면, 선체의 남쪽 부분을 발굴할 경우 킬을 발견할 가능성이 높다.

다만 지금까지 발굴을 하면서 납득할 수 없는 것이 몇 가지 있었다. 먼저 2014년 발굴 조사 당시 잉곳의 남쪽에서 원형의 창문용 유리가 대량 발굴되었다. 일반적으로는 킬 부근으로 갈수록 무거운 화물을 싣는다. 그런데 나무통이나 잉곳보다 가벼운 화물이 발견된 것이다. 이 시점에서 '킬을 지나친 게 아닐까?' 하는 의문을 품을 수밖에 없었다.

그리고 2012년에 이 프로젝트를 시작할 무렵 최초로 시굴을 시작한 지점에도 이상한 점이 있었다. 침몰선 유적의 최북단 서쪽이 시굴 지점이었는데 발굴해보니 선체가 벽처럼 수평 방향으로 뻗어 있었다. 50년 전의 실측도에는 선수에 가까운 우현이라고 되어 있었다. 본래 선수 부근의 선체는 곡선 형태이기 때문에 똑바른 부분이 존재할 리가 없다.

이 지점에는 또 다른 의문점도 있었다. 선체 내부에 붙이는 널판자를 실링플랭킹sealing planking이라고 한다(35페이지 이미지 참고). 이곳이 실측도에서 확인한 대로 정말 선수 부근의 우현이라면, 이 부분에 붙이는 실링플랭킹은 벽에 해당한다. 그리고 벽면 판자는 당연히 중력 때문에 떨어지지 않도록 프레임에 고정되어 있어야 한다. 하지만 우리가 발견한 널판자는 프레임에 고정되어 있지 않았던 것이다.

이처럼 고정되어 있지 않은 실링플랭킹은 선저부에서 자주 볼 수 있는 형태다. 선저부는 프레임과 프레임 사이를 청소할 때, 배수 시 물을 원활히 내보내기 위해 일부러 프레임에 고정하지 않고 쉽게 분리할 수 있도록 만든다. 즉 실측도와 실제 배의 구조가 일치하지 않는다는 의미다.

하지만 '킬을 지나쳤을 수 있다'는 것은 나의 개인적인 의견

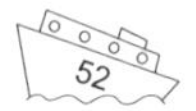

에 지나지 않았다. 팀은 50년 전 실측도에 따라 예정대로 남쪽을 향해 발굴을 이어갔다.

둘이서 몰래 한 추리

프로젝트를 시작하고 한 달이 지났을 무렵, 자다르대학교 학생들이 추가로 합류하면서 우리가 빌려 쓰고 있던 아파트는 만실이 되었다. 그래서 나는 로드리고, 사미라와 함께 새로운 아파트를 빌려서 옮겨야 했다.

바다에서 돌아오면 나와 로드리고는 새로 빌린 아파트 발코니에 앉아 포토그래메트리potogrammetry(사진을 디지털 3D 모델로 바꿔주는 최신 기술)로 발굴 현장을 기록했다. 동네 시장에서 사 온 갓 구운 빵과 엔초비에 와인을 곁들인 저녁 식사도 빼놓을 수 없다. 오렌지색으로 물든 크로아티아의 아름다운 저녁 바다를 바라보며 현지 와인으로 건배했다. 더할 나위 없이 행복한 시간이었다. 하지만 우리의 대화 주제는 항상 같았다.

"킬은 어디에 있을까?"

어느 날 로드리고가 무심코 중얼거렸다.

"어쩌면 50년 전 실측도가 틀렸을지도 몰라!"

나도 실측도가 틀렸을지 모른다고 의심은 했지만 확신을 갖

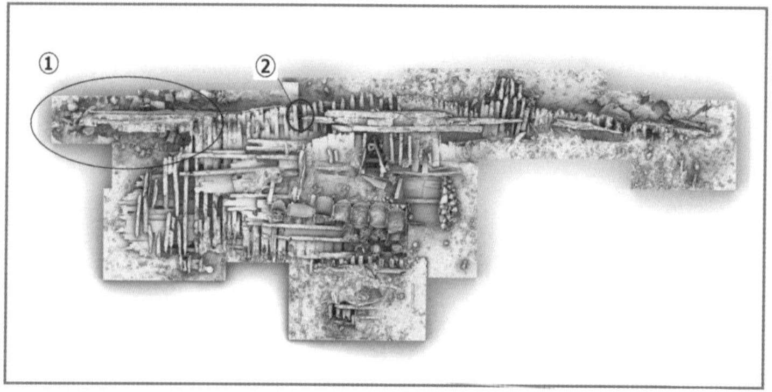

2018년에 작성된 실측도. ①은 45페이지에서 둥글게 표시한 부분이고,
②는 킬이 발견된 장소다

지는 못했다.

'설마 이렇게 큰 실수를 했을 리가 없어.'

그런데 로드리고의 말을 듣고 다시 추리해봤다. 화물의 무게 균형을 생각하면 선저부는 모든 팀원이 발굴을 진행하고 있는 남쪽 지점보다 더 북쪽 끝일 가능성이 높다. 고정되어 있지 않은 실링플랭킹의 위치를 생각하면 제법 북쪽 끝에 가까울 것이라고 추측했다.

문제는 북쪽 끝에 있는 서쪽 지점의 벽처럼 보이는 구조다. 50년 전 실측도에 따르면 이곳은 '선수'다. 다시 말하지만 배는 기본적으로 둥글고 평평하다. 하지만 딱 한 곳만 벽과 같은 공간이 있

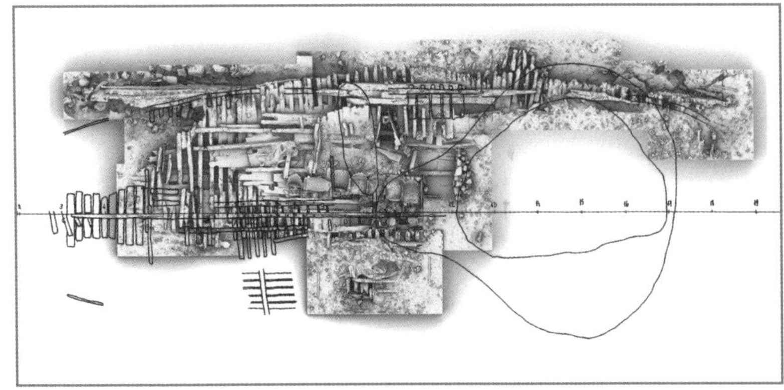

50년 전 실측도와 2018년 실측도를 겹쳐본 모습

는데, 바로 선미 쪽의 선저부다. 이곳은 물을 효율적으로 선미의 방향키로 보내기 위해 거의 직립 구조로 되어 있다. 만약 그 벽 같은 구조가 선미에 가까운 우현이 아니라 선저부에서 가장 뒤쪽 끝이라면 이야기가 달라진다. 실측도와 상반되지만 배의 구조는 완전히 맞아떨어진다.

'아, 그렇구나!'

이제야 모든 의문이 풀렸다. 로드리고와 내가 카스트로 교수에게 추리 내용을 이야기하자 그가 말했다.

"틀림없어!"

킬은 두꺼운 프레임 바로 아래에 숨겨져 있기 때문에 확인하기가 쉽지 않다. 하지만 카스트로 교수가 말했다.

"프레임이 떨어져나간 곳이 한 군데 있어. 그곳을 50센티미터 정도 수직으로 발굴해보면 킬을 찾을 수 있을지 몰라."

튼튼하고 묵직한 선저부의 프레임을 움직이지 않고 킬을 찾아낼 수 있는 길은 바로 그 구멍밖에 없었다.

드디어 킬을 찾을 수 있다는 생각에 흥분되었다. 발굴 작업 기간은 3주가 남았다. 하지만 마지막 1주는 다음 시즌까지 유적 보호를 위해 침몰선 전체에 천을 덮고 흙으로 묻는 작업을 해야 했다. 우리에게 주어진 시간은 오직 2주뿐이었다.

은밀한 발굴 작업

발코니에서 이야기를 나눈 다음 날, 로시 교수와 카스트로 교수는 시청과의 약속 때문에 자리를 비워야 했다. 보통은 아침 미팅에서 그룹을 나누고 당일 작업 내용을 배분한다. 그날도 50년 전 실측도에 따라 남쪽 지점에서 작업을 할 예정이었다. 나는 텍사스A&M대학교에서 참여한 수중 발굴 초보자 두 명에게 작업 방식을 알려주는 역할을 맡고 있었다.

아침 미팅을 마친 나와 로드리고는 그날리체 침몰선으로 향하는 배 안에서 핵심 팀원인 크로아티아 대학원생 두 명을 은밀

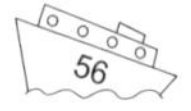

히 불렀다. 섣불리 정보를 공개하면 팀 전체가 혼란에 빠질 수 있다고 생각했기 때문에 2012년부터 함께 작업했던 두 사람에게만 이야기를 전했다.

"지금처럼 남쪽만 파서는 킬을 찾을 수 없어. 아마도 유적의 북쪽 끝에 킬이 있는 것 같아."

두 사람은 놀라움을 감추지 못했다. 이들은 로시 교수의 현장 감독 대행과 다이빙 책임자이기도 했다. 그래서 그룹의 다이빙 순서를 조정하고, 세 곳에 설치되어 있던 드렛지 한 대를 북측으로 이동시켜서 로드리고가 자유롭게 그 구멍을 발굴할 수 있도록 조치할 수 있었다.

그날 다이빙은 오전과 오후, 두 번 예정되어 있었다. 로드리고는 오전에 카스트로 교수가 언급한 구멍을 찾아낸 후 발굴을 시작했다. 구멍은 50센티미터 이상이고 폭은 가로 30센티미터, 세로 80센티미터 정도였다. 첫 번째 잠수로 밑바닥까지 확인할 수는 없었지만 우리는 확신에 차 있었다.

오전 다이빙에서 드렛지 한 개를 북측으로 이동시킨 것을 다른 팀원들도 알게 되면서 우리가 킬을 찾고 있다는 사실이 드러났다. 비밀리에 작업할 생각은 아니었지만 맡은 일을 놔두고 허락도 없이 작업 내용을 변경한 것은 엄연히 규칙 위반이다. 만약 킬을 찾지 못하면 로시 교수가 화를 낼 게 분명했다. 하지만 자신 있었다.

'꼭 찾아내고 말겠어!'

점심 식사를 마치고 나와 로드리고는 두 번째 그룹과 함께 오후 다이빙을 했다. 물속으로 뛰어들고 나면 더 이상 로드리고와 말을 주고받을 수 없지만 괜찮았다. 이번 다이빙으로 반드시 킬을 찾을 수 있다고 믿었다. 그리고 20분이 흘렀을까?

나는 대학원생들에게 수중 발굴 방법을 알려주고 있었다. 바로 그때, 평소라면 바다거북처럼 우아한 자태로 물질을 했을 로드리고가(로드리고는 다이빙 지도자 자격증도 있다) 허둥대며 우왕좌왕 헤엄치는 모습이 보였다. 나는 대학원생들을 다른 팀원에게 맡기고 곧장 로드리고의 뒤를 쫓았다.

드디어 킬을 발견하다

그날리체 침몰선 유적 부근의 투명도는 평상시에 약 20미터인데, 수중 발굴이 시작되면 드렛지 때문에 생기는 부유물로 5미터 정도까지 떨어진다. 안개가 낀 듯한 발굴 현장 속을 6미터가량 북쪽으로 이동해서 로드리고가 발굴 중인 구멍을 확인했다. 구멍이라기보다는 프레임과 프레임 사이 가로 30센티미터, 세로 30센티미터 정도의 틈이었다. 깊이는 50센티미터보다 더 되어 보였다.

구멍 안쪽은 어두워서 눈으로 확인할 수 없었다. 수중 라이트로 비춰봐도 흙탕물이 가득해서 소용없었다. 구멍 안으로 팔을 뻗었다. 구멍이 깊어서 팔꿈치까지 쑥 들어갔다. 긴장하면서 손가락에 신경을 집중시켰다.

'안쪽에 뭐가 있는 거지?'

손가락에 무언가 닿았다. 큰 목재의 감촉이다! 표면을 문질러봤다. 그야말로 잘 마감된 목재처럼 미끈했다. 이게 420년 전 목재란 말인가! 목재 윗면의 양쪽 코너에는 외판을 끼우기 위한 홈이 있었다. 서양 배에 이런 홈이 있는 목재는 킬밖에 없다. 이건 틀림없이 킬이다!

2012년에 발굴을 시작해서 3년 만에 드디어 이 배의 킬을 찾아낸 것이다. 킬을 찾고 보니 배의 실제 방향과 실측도는 완전히 반대였다. 50년 전 실측도가 잘못되어 있었다니! 한 장의 종이 때문에 3년을 헤맸지만, 마침내 해냈다. 이제부터 진짜 연구를 시작할 수 있게 된 것이다.

그날 저녁 로시 교수와 카스트로 교수에게 킬을 발견했다고 보고했다.

"어디서?"

로시 교수가 깜짝 놀라 물었다. 나와 로드리고는 발견 장소와 그곳을 발굴한 이유를 말했다. 카스트로 교수는 바로 옆에서 싱글

벙글 웃고 있었다. 로시 교수는 우리가 혼란을 피하기 위해 사전에 보고하지 않은 사정을 이해하고, 그룹 편성을 임의로 바꾼 것을 문제 삼지 않았다. 뿐만 아니라 3년 동안 그토록 찾아 헤맸던 킬을 발견한 것에 순수한 마음으로 기뻐해주었다.

킬을 발견하자 발굴 현장의 분위기가 확 달라졌다. 다음 날부터 모든 드렛지를 북쪽으로 이동시켜 유적의 동쪽 부분에서부터 서쪽으로 발굴을 진행했다. 해저에서 큰 돌덩이들이 발견되었다. 밸러스트ballast였다. 선저부 중앙에 적재한 밸러스트는 배를 안정시키는 추의 역할을 한다. 밸러스트가 발견되었다는 것은 킬을 따라서 배의 중앙부까지 도착했다는 의미다.

밸러스트 아래로 메인마스트를 지지하는 마스트스텝이 있고, 그 아래 어딘가에 마스트프레임이 잠들어 있다. 침몰선의 심장부까지 가는 길을 확인하고 나서 2014년 일정이 종료되었다. 우리는 남은 며칠 동안 침몰선 유적이 열화(물리적·화학적 성질이 나빠지는 현상)하지 않도록 봉인하는 작업을 하고 발굴 시즌을 마감했다.

갈리아나 그로사

'드디어 본격적인 연구다!' 하고 호흡을 가다듬었지만, 2014년 이후 그날리체 침몰선 발굴 조사는 자금난으로 중지되었다(2016

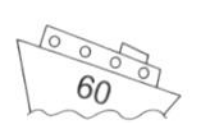

년부터 소규모로 재개하여 현재까지 진행되고 있다). 지금까지 조사로 밝혀진 그날리체 침몰선의 배경은 다음과 같다.

1583년 오스만 제국은 베네치아 공화국에 유리창 5,000장을 주문했다. 오스만 제국 황제 무라트 3세의 궁전이 화재로 불탔고, 궁전 복구를 위해 유리창이 필요했기 때문이다. 그리고 그해 10월에 5,000장의 유리창을 실은 배가 베네치아에서 출항했다. 1569년에 건조된 적재량 755톤, 전체길이 약 40미터인 당시로서는 최대급 대형선이었다.

콘스탄티노플로 향하던 이 배는 며칠 되지 않아서 지금의 크로아티아 연안 중부 도시인 자다르 남쪽 비오그라드나모루 앞바다에서 침몰한다. 가을에 부는 강한 북풍 때문에 침몰한 것으로 추측하고 있다. 이 배의 진짜 이름은 갈리아나 그로사Gagliana grossa였다.

이렇게 침몰선의 이름과 상세한 역사를 밝혀내는 일은 매우 드물다. 이것이 가능했던 것은 역사문헌학자이자 베네치아 공화국의 갤리선galley船(돛과 노가 있는 배로, 주로 노를 사용한다 – 옮긴이) 전문가인 마우로 본디올리 덕분이었다. 본디올리는 베네치아 국립공문서관에 남아 있던 갈리아나 그로사의 화물 구성 기록과 침몰 위치, 우리가 그날리체 침몰선에서 발굴한 출토품을 분석했다.

하지만 그날리체 침몰선, 즉 갈리아나 그로사가 어떻게 디자

인되었는지는 풀리지 않은 수수께끼로 남았다. 갈리아나 그로사처럼 풍력으로 추진력을 얻는 운송선에 관한 상세한 기록은 아직 세계 어디에서도 발견되지 않고 있기 때문에 베네치아 조선사의 블랙박스로 남게 되었다.

이 수수께끼를 푸는 것이 현재 진행 중인 그날리체 침몰선 프로젝트와 본디올리를 포함한 우리 발굴 프로젝트팀의 최대 과제다. 수수께끼가 풀리는 날, 우리는 세계 조선사에 새로운 한 장을 장식하게 될 것이다. 그리고 이 수수께끼를 푸는 열쇠는 틀림없이 바닷속 어딘가에 잠들어 있으리라 믿는다.

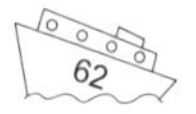

3장

맨땅에서 시작해 수중 고고학자가 되다

200달러, 오케이?

“100달러 온리 히어.”

택시 기사는 엄청나게 느린 속도로 쉬운 단어만 사용해서 말을 걸어왔다. 미국 남부 텍사스주 최대 도시인 휴스턴에서 한 시간 남짓 달린 지점이었다. 나를 한심하다는 듯 쳐다보던 택시 기사는 한 번 더 천천히 말했다.

“200달러 오케이?”

겨우 상황을 이해했다. 바가지를 쓰게 생긴 것이다. 분명히 택시를 타기 전에는 “목적지까지 100달러”라고 했는데, 말이 달라졌다. 목적지까지 아직 한 시간은 더 가야 했다. 완전히 촌뜨기가 된 기분이 들었다. 나의 어리숙함과 무력함에 주먹을 불끈 쥐었지만 “오케이”라고 말할 수밖에 없었다.

앞으로 내 유학 생활은 과연 어떻게 될까? 수중 고고학을 공부하겠다는 큰 기대와 다짐을 품고 미국으로 건너온 지 이틀 만에 높았던 나의 자신감은 바닥을 쳤다.

내 꿈은 프로야구 선수

나는 1984년 일본 아키타현에서 태어났다. 전근이 잦았던 아버지는 외아들인 내가 제멋대로 클까 봐 걱정이 많았다. 그래서인지 초등학교 3학년 때, 당시 살고 있던 나고야시에서 소년야구클럽에 가입시켰다. 처음 야구를 접하게 된 계기였다. 중학생 때 치바현 이치카와시로 이사했지만 언젠가는 프로야구 선수가 될 거라고 믿으며 오직 야구에만 매진했고, 호세이대학교 부속 제일고등학교에 스포츠 추천 학생으로 입학했다.

하지만 고등학교 시절 큰 좌절을 맛보았다. 2학년 봄에 오른쪽 어깨를 다친 것이다. 여름방학 때 수술을 받았고, 다시 공을 던질 수 있게 된 것은 3학년 때였다. 어릴 때부터 고시엔甲子園(일본의 전국 고등학교 야구 대회다 – 옮긴이)을 목표로 야구를 했지만, 결국 여름 예선 후보로도 참가하지 못하고 허무하게 끝나버렸다. 지금 생각하면 당연한 결과였지만 당시엔 세상이 무너지는 것처럼 절망적이었다.

그렇다고 이대로 야구를 그만둘 수도 없었다. 부속고등학교

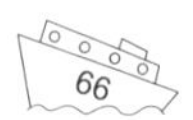

를 다닌 덕분에 입학시험을 보지 않고 대학 야구 명문인 호세이 대학교에 진학할 수 있었다. 대학에 가서도 재활과 연습을 반복하며 야구를 계속했다.

결국 꿈을 접다

대학 야구부 수준은 상상 이상이었다. 고시엔이나 야구 잡지에서 보던 선수가 동급생으로 들어온 것이다. 남들보다 열심히 노력하면 어떻게든 살아남을 수 있으리라는 망상에 사로잡혀 비효율적인 연습을 반복했다. 어느 순간부터 몸 이곳저곳이 아프기 시작했다. 눈에 띄는 성적도 내지 못해서 배팅 볼 투수로 시간만 보냈다.

결국 3학년 때 신입생이 바로 옆에서 150킬로미터 공을 가볍게 뿌리는 것을 본 뒤, 아무리 발버둥 쳐도 당해낼 수 없는 세계가 있다는 사실을 인정해야 했다. 그리고 어린 시절부터 동경하던 프로야구 선수의 꿈을 접었다.

호세이대학교 야구부는 연습에 참여할 수 없는 상황이 되면 그만둬야 했다. 하지만 4학년이 되면 프로야구나 사회인 야구를 목표로 하는 선수 외에 취업 활동을 하는 사람은 연습에 참여하지 않아도 된다는 규칙이 있었다. 나도 3학년을 마칠 때까지는 배팅 볼 투수로 야구에 전념했지만, 4학년이 되자 감독 면담 후 연습을 쉬었다. 이렇게 해서 13년 동안 인생 목표였던 야구선수 생활이 끝을 맺었다.

얻은 것도 있었다. 야구부는 모두 함께 기숙사 생활을 하면서 아침부터 밤까지 오로지 야구만 한다. 단체로 기숙사 생활을 했던 경험은 수중 고고학자로서 세계를 돌며 연구활동을 하는 데 아주 큰 도움이 되었다. 앞에서도 말한 것처럼 발굴 프로젝트를 진행할 때는 팀을 이뤄 공동생활을 한다. 공동생활이 서툰 사람은 정말로 곤혹스럽지만, 나는 큰 어려움 없이 견딜 수 있었다.

수중 고고학과의 만남

줄곧 야구밖에 몰랐던 내가 연구자가 되기로 결심한 계기는 독서였다. 독서를 즐겼던 아버지를 보면서 어릴 때부터 척척박사였던 아버지를 동경했다. 고등학생 때는 왕복 두 시간이 걸리는 통학 버스 안에서 아버지의 책장에서 꺼내온 시바 료타로나 이케나미 쇼타로가 쓴 역사소설을 읽곤 했다.

그러면서 아버지의 책장에 있던 책 이외의 분야에도 점차 흥미가 생겼다. 고생물학이나 우주 물리학, 철학과 종교학 관련 입문서를 읽었다. 이 중에서 가장 좋아한 분야는 역사 관련 책이었

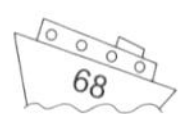

다. 그래서 호세이대학교에 진학할 때도 망설임 없이 문학부 사학과를 선택했다.

졸업논문 주제를 정하기 위해 대학 도서관을 기웃거리던 어느 날, 운명 같은 책을 만났다. 미국의 저널리스트 사진가인 로버트 버지스가 쓴《인류: 해저 1만 2,000년, 수중 고고학 이야기Man: 12000 Years Under the Sea, A Story of Underwater Archaeology》였다.

"플로리다의 웜 미네랄 스프링스Warm Mineral Springs라는 광천鑛泉에서 1만 년 전 인간의 두개골과 뇌가 발견되었다. 이 광천의 밑바닥은 산소가 없고 수온이 거의 일정하다고 한다. 유기물을 보존하기에 최적의 환경이었기 때문에 부패하지 않았던 것이다"라고 쓰인 부분을 읽고 나는 충격에 빠졌다.

'이럴 수가 있다니!'

바로 도서관을 돌며 수중 고고학과 관련된 책을 모조리 찾아서 정신없이 읽었다. 일본어로 출판된 책들을 읽고, 원서도 찾아봤다. 문장을 완벽히 이해하지는 못했지만 책에 실린 사진만 봐도 즐거웠다. 몇 달 동안 지중해와 카리브해를 시작으로 전 세계의 아름다운 바닷속에 있는 수중 유적과 발굴 현장의 모습을 담은 사진을 보는 재미에 푹 빠져 살았다.

그런데 수중 고고학 책에 실린 사진의 출처 대부분이 '텍사스 A&M대학교'라는 것을 깨달았다.

'세계를 누비는 유적 발굴 정예 집단인가? 이런 사람들도 있구나. 정말 대단해.'

그러다가 이노우에 다카히코가 쓴 책《수중 고고학으로의 초대, 해저로부터의 메시지水中考古学への招待 海底からのメッセージ》를 발견했다. 이 책은 학술서보다는 자서전에 가까웠는데 놀라움의 연속이었다. 이노우에는 마흔이 넘어서 회사를 그만두고 미국 텍사스A&M대학교로 유학을 갔고, 영어가 서툴렀는데도 대학원 석사를 수료했다. 나는 영어가 서툰 정도를 넘어서 중고등학교 시절 영어 시험에서 20점을 넘긴 적이 없었다. 하지만 이노우에의 책을 읽고 난 뒤 미국 유학이 이루지 못할 꿈이 아니라는 사실을 깨달았다.

새로운 결심

새로운 꿈을 정했다.

'미국으로 가서 수중 고고학을 공부해보고 싶어!'

가고 싶은 학교도 정했다. 두말할 것도 없이 텍사스A&M대학교였다. 내 이야기를 들은 부모님은 깜짝 놀랐다. 처음에는 내가 하는 말의 의도를 이해하지 못했던 것 같다. 당시 내 영어 실력은 꽝인 데다 고고학 지식도 대학에서 강의 몇 개를 들은 게 전부

였으니 말이다. 한마디로 겁이 없었다. 이런 상황에서도 부모님은 내 결정을 지지해주었다.

지금 내가 당시의 나와 비슷한 상황에서 진로 고민을 하는 대학생을 상담한다면 '다시 생각해봐요!'라고 말할 것 같다. '먼저 일본에서 영어와 고고학의 기초를 쌓은 후에 유학을 가는 게 좋겠다'는 말을 덧붙이면서.

미국 대학원을 졸업할 무렵, 일본에서 대학 시절 야구부 친구와 술을 마신 적이 있다. 그 친구는 유학을 가고 싶다는 내 말을 듣고는 '저거 돌아이 아냐?'라고 생각했다고 한다. 초등학교 때부터 줄곧 같이 야구를 했던 친구는 지금도 내가 고고학자인 게 믿기지 않는다고 했다. 미국으로 유학을 가겠다는 나의 결심이 모두에게 농담처럼 들렸던 것 같다.

그런데 영어를 못하니 수중 고고학을 공부하기 위한 출발선에 설 수조차 없었다. 텍사스A&M대학교에는 유학생 전용 어학교가 있었는데, 외부인도 입학이 가능했다. 이왕에 영어를 배워야 한다면 텍사스A&M대학교에 있는 어학교를 다니고 싶었다. 동경하는 학교와 조금이라도 더 가까운 곳에서 같은 공기를 마시고 싶었기 때문이다.

결심이 선 나는 영어를 잘하는 친구의 도움을 받아 어학교 입학 신청서를 작성하고 학생 비자를 받았다. 그리고 대학을 졸업한 뒤 몇 개월 동안 아르바이트를 해서 돈을 모은 다음, 여행 트렁크 하나에 꿈을 싣고 부모님의 배웅을 받으며 텍사스로 떠났다.

드디어 미국으로

2006년 8월 중순, 나는 부푼 마음을 안고 텍사스주 최대 도시인 휴스턴에 도착했다. 늦은 밤이었기 때문에 다운타운과 가까운 호텔에서 묵기로 했다. 텍사스A&M대학교가 있는 칼리지스테이션College Station으로 가는 버스는 다음 날 아침 7시 출발이었다.

다음 날 아침, 버스터미널까지 가는 택시를 타야 했다. 호텔 로비에서 직원에게 무작정 지도를 내밀고, 손짓 발짓까지 동원해 택시를 부르는 데 성공했다. 그런데 한 시간이 지나도 택시가 오지 않았다. 8시에 겨우 버스터미널에 도착했지만 7시에 출발하는 하루 한 대뿐인 버스를 놓치고 말았다.

한시라도 빨리 텍사스A&M대학교가 있는 곳으로 가고 싶었다. 여비는 충분하지 않았지만 택시를 타기로 마음먹었다. 많은 호객 택시 중에 가장 저렴한 100달러를 부른 택시를 탔다. 한 시간 후에 바가지를 쓸 줄은 꿈에도 모른 채 말이다. 목적지에 도착하자 돌아가는 기름값도 달라는 기사의 요구에 결국 300달러나 주어야 했다. 어찌됐건 우여곡절 끝에 꿈에 그리던 텍사스A&M대

학교 캠퍼스에 도착했다.

텍사스A&M대학교의 A&M은 Agricultural and Mechanical의 약자로, '텍사스 농업기계 대학교' 정도로 번역할 수 있다. 학생 수가 6만 명이 넘는 초대형 종합대학교 안에는 기숙사를 비롯해서 골프장과 비행장, 핵융합실험로까지 있었다. 거대한 학교 도시인 셈이다.

바가지 쓴 억울함은 이내 잊고, 작열하는 태양 아래 40도에 육박하는 한여름의 날씨를 견디며 캠퍼스 안에 있는 어학교 사무실을 찾았다. 에어컨을 켜둔 실내에 들어서자 접수창구의 미국 여성이 말을 걸어왔다. 하지만 도무지 알아들을 수가 없었다.

운이 좋게도 일본어를 조금 할 줄 아는 한국 남성이 먼저 와서 입학 수속을 하고 있었는데, 접수창구 직원을 비롯해서 몇 명의 강사까지 달라붙어 필사적으로 대화를 시도하는 기묘한 모습을 보고 도움을 주었다. 그가 통역을 해준 덕분에 직원들에게 내가 아직 머무를 곳이 없으며 지인도 없다는 사실을 전할 수 있었다. 나중에 듣기로 나처럼 숙소도 정하지 않고 무작정 찾아온 학생은 처음이라며 직원들 사이에 화제가 되었다고 한다.

햄버거 세트 프리즈

아무것도 할 수 없던 나 대신 어학교 접수창구 직원이 입학 수속과 학교 숙소에 입주할 수 있도록 도와주었다. 하지만 숙소 입주는 어학교 수업이 시작되는 날인 일주일 후부터 가능했다. 그 전까지는 어학교 강사가 알아봐 준 학교 근처의 싸구려 모텔에서 지내야 했다.

모델에 도착했을 때는 저녁 6시가 넘어 있었다. 전날부터 거의 먹지 못했기 때문에 너무나 배가 고팠다. 걸어서 갈 수 있는 곳에 있는 맥도날드로 향했다. 저녁 식사 시간이었기 때문에 실내는 매우 붐볐다. 내 차례가 되자 체격이 좋은 점원이 뭐라고 했는데, 역시나 무슨 말인지 이해할 수 없었다.

참고로 미국 맥도날드에서는 햄버거 단품을 샌드위치 sandwich, 세트를 밀meal이라고 한다. 이런 사실을 전혀 몰랐던 나는 무작정 "햄버거 세트 프리즈"를 일본식 발음으로 반복했다. 고개를 갸웃하던 점원의 얼굴은 '햄버거 세트 프리즈'를 몇 차례 듣고 나자 차츰 당황한 기색으로 바뀌기 시작했다. 내 뒤로는 주문을 기다리는 줄이 길게 늘어서 있었다. 깊은 좌절감에 빠지고 말았다. 창피함과 미안함으로 아무 주문도 하지 못하고 가게를 뛰쳐나왔다.

잠시 숨을 고른 후 근처 슈퍼마켓으로 가서 식사가 될 만한 것을 사기로 했다. 보통 미국 슈퍼마켓 계산원은 “Did you find everything, Okay?”처럼 반드시 상냥하게 말을 건넨다. 하지만 나는 ‘하우 아 유?’라고 물으면 ‘아임 파인! 땡큐’라고 답하는 영어 인사밖에 할 줄 몰랐다. 계산대에서 점원이 말을 걸자 두려워서 아무것도 사지 못하고 다시 도망쳐 나왔다.

어학교 수업이 시작될 때까지 앞으로 일주일이나 남았는데, 이런 식이라면 모텔 데스크 옆에 있는 스낵과 주스 자동판매기만으로 겨우 살아갈 수 밖에 없었다.

‘어째서 이곳에 아무 생각 없이 왔을까?’

모텔방과 자동판매기를 왔다 갔다 하면서 후회의 눈물을 흘리는 일주일을 보냈다.

독해 점수 딸랑 1점

유학 생활을 시작한 지 반년이 지나자 가장 낮은 레벨의 반 학생들과는 대화할 수 있게 되었다. 나는 영어 실력을 테스트해보기 위해 토플TOEFL 시험을 치르기로 했다. 반년 전에는 알아들을 수 없었던 영어도 점점 들리기 시작했기 때문에 자신 있었다.

토플 시험은 독해, 청해, 작문, 회화 네 가지 영역으로 나뉘어 있다. 각각 30점씩 합계 120점 만점이다. 시험을 치른 후 받은 성적을 보고 두 눈을 의심했다.

'독해: 1점'

토플 시험은 모두 객관식이다. 적당히 찍어도 5점은 나올 텐데 1점이라니! 다른 점수도 엉망진창, 내 토플 시험 합계 점수는 30점이었다. 이 정도 수준이면 아무리 시간이 흘러도 대학원 입학은 무리였다. 조금씩 다가가고 있다고 생각했는데, 수중 고고학은 여전히 아득히 먼 곳에 있었다.

다음 날부터 어학교 수업이 끝나면 매일 새벽 3시까지 도서관에서 공부했다. 지금 생각하면 이때가 내 인생에서 첫 수험 공부였다.

어떡하지! 어떡하지?

우여곡절 끝에 2008년 토플 시험과 GRE(대학원에 가려면 치러야 하는 대학원 수학자격시험)를 무사히 통과했다. 그리고 Non-Degree Seeking 제도를 통해 대학원에 가입학했다. 이후 1년 동안 대학원 수업 한 개와 학부 4학년 수업 두 개를 수강해서 모두 B(80점) 이상의 성적을 받으면 정식으로 입학하게 된다. 반대로 성적이 나쁘면 입학을 포기하고 귀국해야 한다는 뜻이다. 2007년에 입학한 유학생 중 한 명이 수업을 따라가지 못해 겨우 몇 주 만에

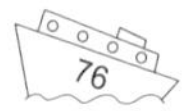

귀국하기도 했다. 나도 1년간 시험을 받는 처지에 놓인 것이다.

그래도 드디어 텍사스A&M대학교 '선박 고고학 프로그램'에서 공부할 수 있게 되었다. 하늘을 날 듯이 기뻤다. 텍사스까지 와서 매일 영어 공부를 한 보람이 있었다.

고대부터 중세 중기까지의 유럽 조선사를 배우는 '선박 고고학 개론' 수업을 수강하기로 했다. 나 외에 열 명의 학생은 모두 미국인이었다. 교수가 강의실로 들어왔다. 드디어 첫 수업 시작이다. 희망을 가득 품고 수업에 임했지만 불과 몇 분만에 절망을 맛보고 말았다.

'도대체 무슨 말이야?'

교수는 파워포인트로 만든 수업 자료를 프로젝트에 연결한 뒤 화면을 보며 사진과 도표를 담담하게 설명했다. 미국인 학생들은 한마디라도 놓칠 새라 열심히 받아 적었다. 때로는 손을 들어 질문했고, 교수는 진지한 얼굴로 답변했다. 하지만 나는 그들이 나누는 대화와 수업 내용을 전혀 이해할 수 없었다.

'이해도 0퍼센트!'

앞이 깜깜해지면서 식은땀이 줄줄 흘렀다.

조금만 생각해보면 당연한 일이다. 영어 공부를 시작한 지 이제 겨우 2년이 지났으니까 말이다(중학생 때부터 대학 졸업 때까지 뭘 했냐고 묻지 마시길…). 일상 회화는 그럭저럭 가능했고 텔레비전 방

송도 무슨 내용인지 알아들었다. 하지만 텍사스A&M대학교 선박 고고학 프로그램은 세계 최고 수준의 전문 지식을 다룬다. 어려운 용어가 여기저기서 빗발친다. 물론 외국인인 나를 배려해 천천히 설명해주지만 참고용 자료를 나눠주는 것도 아니었다. 그야말로 패닉에 빠져버렸다.

'어떡하지! 어떡하지? 어떡하지! 어떡하지?'

이해할 수 있는 건 사진과 도표뿐이었다. 전문 용어와 교수가 하는 말을 이해하는 건 포기하고 약 1분에 한 번씩 바뀌는 화면의 내용을 필사적으로 노트에 옮겨 적었다. 그리고 강의가 끝나면 곧

텍사스A&M대학교에서 가장 역사가 깊은 건물

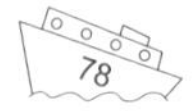

장 선박 고고학 프로그램 전용 도서실로 달려갔다. 몇 분 전까지 휘갈겨 쓰고 그린 사진과 도표가 실린 책을 찾아낸 뒤에 전자사전을 보면서 내용을 조금씩 읽어나갔다.

두 번째 강의부터는 교수의 허락을 얻어서 수업 내용을 녹음했다. 75분 분량의 강의를 노트에 정리하는 데 매번 15~20시간이 걸렸다. 하지만 달리 방법이 없었다. 매주 사흘은 밤을 새워 공부해야만 했다.

이렇게 열심히 공부한 덕분에 가입학 1년 동안 두 학기 수업에서 평균 B를 받을 수 있었다. 그리고 2009년 선박 고고학 프로그램 석사 과정에 정식 입학했다. 드디어 목표로 삼았던 수중 고고학의 출발선에 선 것이다.

첫 번째 특별한 만남

그 후 7년(석사 과정 3년, 박사 과정 4년)은 정말로 즐거웠다. 과제와 시험은 힘들었지만 마치 게임에서 레벨 업하는 기분이 들었다. 매 학기가 끝날 때마다 습득한 지식량에 스스로 감탄했다.

하지만 신기하게도 학문은 새로운 지식을 알면 알수록 자신이 얼마나 무지한지 깨닫게 된다. '더 알아야 할 게 많아!' 하며 계속 수준을 올리고 싶은 욕구를 자극하는 교수와 동료 학생이 있어 질릴 틈이 없었다. 인생에서 두 번째로 행복한 나날들이었다(첫 번째는 수중 고고학자가 된 지금이다!).

7년 동안 나에게는 특별한 만남이 두 번 있었다. 첫 번째는 크로아티아 그날리체 프로젝트에 나를 데려가 준 카스트로 교수와의 만남이다. 카스트로 교수와 친해진 건 대학원 1년 차가 끝난 여름방학 때였다. 대학원을 다니면서 특히 나의 마음을 사로잡은 강의가 있었는데, 바로 카스트로 교수의 '침몰선 복원 재구축' 수업이었다. 수업을 들은 나는 그에게 제자로 삼아달라고 무작정 부탁했다.

복원 재구축이란 쉽게 말해 침몰선 유적에서 필요한 정보를 발굴해서 배의 모습을 복원하고 적재물과 운항 능력을 밝혀내는 방법론이다. 배라는 탈것에 응축된 선조들의 기술을 퍼즐 조각 맞추듯 해명해가는 묘미를 느낄 수 있는 학문이다. 다양한 선행 연구와 발굴 문헌, 역사적인 자료에 기초해서 단편적인 정보를 수집하고 조합해가는 작업이 너무나 즐거웠다.

'더 공부하고 싶어!'

지식에 대한 욕망을 절제할 수가 없었다.

뇌에 스위치가 켜지다

당시 텍사스A&M대학교 선박 고고학 프로그램에서는 일곱 명의 교수가 각자의 전문 분야를 가르치고 있었다. 선사 시대의 배, 고대 지중해의 배, 중세 유럽의 배, 대항해 시대의 배, 아메리카 대륙의 배를 전문으로 하는 교수가 각각 한 명, 보존처리 분야의 교수가 두 명이었다.

대학원생은 2년 차부터 원하는 분야를 선택해서 담당 교수의 지도 아래 전문적인 배의 역사를 배웠다. 보통 교수 한 명당 두세 명의 대학원생이 연구 조수research assistant로 일하면서 연구 기술을 습득하는 식이었다. 연구 조수는 주로 교수가 상위 성적을 받은 학생 중에서 지명한다. 대학원 입학 당시 영어가 서툴렀던 나는 아무리 노력해도 남들보다 성적이 좋을 수 없었다. 연구 조수로 지명 받을 가능성이 극히 낮았다. 그래서 봄 학기가 끝나고 여름방학이 시작되는 첫날 카스트로 교수를 찾아갔다.

"제발! 제발!! 제발!!! 부탁드립니다!"

실제로 이렇게 절절히 반복해서 말하지는 않았지만 진심이 전달될 수 있도록 정중하게 말했다.

"연구실 청소든 뭐든 다 할 테니 복원 재구축에 대해 더 가르쳐주세요."

카스트로 교수는 의외로 방긋 웃으며 흔쾌히 수락했다. 지금껏 이렇게까지 부탁하는 학생은 없었던 데다 영어도 잘 못하는 학생이 즐겁게 강의를 듣고, 기말 과제를 제출할 때는 연구실에 며칠이고 틀어박혀서 노력하는 모습이 인상 깊었다고 나중에 이야기해주었다. 대학원 6년 동안 카스트로 교수에게 정말로 많은 신세를 졌다.

카스트로 교수가 침몰선 복원 재구축 수업을 매년 신입생 필수 과목으로 강의했던 것도 내게는 행운이었다. 교수가 바쁠 때는 과제 채점을 대신 맡기도 하고, 신입생의 고민을 들어주기도 했다. 무엇보다 연구 조수로 일한 6년 동안 학생들의 과제를 봐주면서 나도 매년 7~10척의 침몰선 복원 재구축 프로젝트에 참여할 수 있었다.

연구 조수를 한 지 5년이 지난 어느 날, 문헌에 실린 침몰선의 프레임 이미지를 보고 있자니 배의 전체 모양이 불현듯 머릿속에 그려지는 듯한 기분이 들었다. 이른바 뇌에 스위치가 켜진 것이다. 그 후부터는 수중 발굴 중에 프레임이 하나만 발견되어도 배의 어디쯤에 있는 것인지, 전체적인 배의 모양은 대략 어떠한지 추측할 수 있었다. 이런 능력이 수중 고고학자의 꿈을 이루게 해준 토대가 되었고, 나아가 다양한 침몰선 발굴 현장에서 활약할 수 있는 나만의 무기가 되었다.

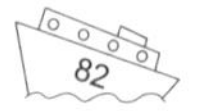

두 번째 특별한 만남

또 하나의 특별한 만남은 브라질 유학생 로드리고다. 로드리고는 크로아티아에서 킬을 발견할 때 큰 역할을 한 파트너이기도 하다. 나보다 나이가 아홉 살이나 많은 로드리고는 우수한 학생에게 지급하는 풀브라이트Fulbright 장학금을 받으며 2010년 박사 과정을 시작했다.

로드리고는 항상 밝은 모습으로 발굴 현장을 즐기면서도 반드시 성과를 내는 친구였다. 그를 만나기 전까지는 '성공하려면 노력해야 해. 지금 고생하면 그만큼 나중에 빛을 볼 거야'라고 생각했다. 언제였는지는 기억나지 않지만(아마도 같이 술 한잔할 때인 듯하다) 이런 속마음을 로드리고에게 털어놓은 적이 있었다. 조용히 내 이야기를 듣던 그가 말했다.

"노력하면서 즐길 수도 있어. 어느 한쪽을 선택해야 하는 문제는 아닌 것 같아. 무엇보다 오늘을 즐기지 않으면 손해야."

삶을 대하는 그의 가치관을 듣고 오로지 노력만 할 게 아니라 매 순간을 즐기겠다고 결심했다. 아니, 결심이라기보다는 해방감을 느꼈다고 하는 게 맞겠다.

이 책을 쓰고 있는 2020년에도 나는 여러 나라의 현장에서 일하고 있다. 의뢰인은 각국의 정부나 대학에서 일하는 저명한 수중 고고학자인데, 그들 모두 한결같이 말한다.

"당신이 일하는 모습은 누구보다도 즐거워 보여서 함께 있는 우리도 즐거워져요."

억지로 웃는 얼굴을 하는 게 아니다. 로드리고처럼 전력을 다해 즐길 뿐이다. 수중 고고학이 세상에서 제일 재미있다. 그래서 순수하게 즐길 수 있게 되었다.

최신 기술 포토그래메트리

시간이 흘러 2015년 봄 학기부터 박사 논문을 쓰기 시작했다. 논문 주제는 '16세기와 17세기 초 포르투갈 배의 디지털 모델 복원'이었다.

그맘때 나는 카스트로 교수에게 대항해 시대 포르투갈 배의 조선사를 배우고 있었다. 당시 설계도, 발굴된 침몰선 유적, 공문서 자료, 뱃사람들의 기술 등을 토대로 배의 구조를 가능한 한 정확히 고찰하고, 디지털 3D 모델로 복원하여 전문 소프트웨어로 운항 능력 등을 밝혀내려고 했다. 5월까지 논문을 제출하는 것을 목표로 1월에는 30퍼센트가량 쓴 상태였다. 그런데 한 가지 관례를 깨는 결정을 해야만 했다. 박사 논문 주제를 '포토그래메트리와 복원 재구축 방법론'으로 바꾼 것이다.

나는 왜 논문 주제를 바꾸는 무리한 결정을 해야 했을까? 바

로 그날리체 침몰선 프로젝트 때문이었다. 2014년 3월에 카스트로 교수가 한 가지 요청을 했다.

"올해 여름 그날리체 침몰선 프로젝트에서 네가 포토그래메트리를 사용해 침몰선 디지털 3D 모델을 제작해줬으면 해."

포토그래메트리는 사진 데이터를 기반으로 디지털 3D 모델을 제작하는 기술이다. 1990년대 로봇공학자들이 사용하기 시작한 컴퓨터 비전Computer Vision이라는, 사진이나 영상에서 공간을 인지하는 알고리즘을 응용해서 만들어졌다.

초기에는 3D 스캔의 정밀도가 낮았지만, 2010년대 들어 저렴하면서도 정밀도가 높은 몇몇 포토그래메트리 전문 소프트웨어가 개발되었다. 고고학 중에서도 수중 고고학자들은 여기에 발 빠르게 주목하고 실제 발굴 현장에서 사용하기 시작했다.

이유는 간단하다. 레이저 스캔 등 육상 발굴 조사에서 사용하는 장비를 수중에서는 사용하지 못하기 때문이다. 수중에서 활동할 수 있는 시간의 제약, 수질 문제 등으로 유적 전체를 제대로 관찰할 수 없던 수중 고고학자들에게 PC를 통해 디지털 3D 모델로 유적 전체를 시간 제한 없이 꼼꼼히 볼 수 있다는 점은 굉장한 매력 포인트였다. 다만 내가 카스트로 교수에게 제안받은 2014년에는 '소프트웨어의 정밀도가 낮아 고고학 연구에는 사용하기 힘들다'는 의견이 지배적이었다.

나는 대학원 입학 후 침몰선 복원 재구축 연구를 위해 디지털 3D 모델 소프트웨어를 독학으로 공부했기 때문에 비교적 컴퓨터 프로그램을 잘 다루는 학생이었다. 그래서 카스트로 교수가 나를 적임자로 생각했던 모양이다.

그날부터 시행착오의 나날이 이어졌다. 일단 포토그래메트리 소프트웨어의 설명서를 샅샅이 읽고 시스템을 이해했다. 연습 삼아 다양한 대상물을 3D 모델로 제작하면서 한 달 정도 지나자 쓸 만한 디지털 3D 모델을 만들 수 있게 되었다. 그런데 문득 이런 생각이 들었다.

'수중 발굴을 할 때 포토그래메트리를 현장 기록 작업에 활용할 수 없을까? 또 관찰용에 그치지 않고 정밀도가 높은 연구 분석용 데이터를 만들어보는 건 어떨까?'

그때까지 포토그래메트리는 단순히 PC를 통해 수중 유적을 면밀히 관찰하기 위한 목적으로 사용했다. 나는 거기서 한 걸음 더 나아간 활용법을 고민하기 시작한 것이다.

새로운 가능성을 발견하다

실제로 2014년 여름, 그날리체 침몰선 프로젝트에서 내가 사용한 방법은 다음과 같다.

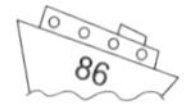

1 최초로 수중 유적 전체의 좌표 데이터를 구축했다. 디지털 3D 모델도 유적 전체가 아니라 발굴 작업이 이루어지는 장소마다 개별로 작성할 수 있도록 하고, 각 발굴 장소의 디지털 3D 모델은 언제든 서로 조합할 수 있는 상태로 관리했다. 이렇게 하면 각각의 디지털 3D 모델 범위가 축소되기 때문에 처리해야 할 데이터량이 줄어들고, 필요하면 매일 발굴 장소별로 정밀도 높은 포토그래메트리 작업이 가능하다.

2 작성된 각 디지털 3D 모델로 고화질 정사사진(왜곡이 없는 고화질 모자이크 사진)을 제작하여 GIS 소프트웨어(지리정보 시스템. 지도에 다양한 정보를 표시할 수 있다)에 기입했다. 다이버의 수작업으로 발굴한 유물의 출토 위치 정보는 GIS 소프트웨어에서 위치 데이터와 통합하여 관리했다.

3 GIS 소프트웨어로 관리되는 정사사진과 출토 위치 정보를 사용해서 실측도를 작성하고, 플라스틱 종이에 인쇄하여 작업 다이버가 물속에 가지고 들어갈 수 있게 했다. 이렇게 하면 유적의 출토 위치와 선체 목재에 사용된 못 등의 위치를 실측도에 직접 기입할 수 있으므로 수중 작업 시간을 효율적으로 관리할 수 있다. 뿐만 아니라 그날 알아낸 정보를 발굴 조사 당일 밤에 GIS 소프트웨어에 반영하면 다이버는 다음 날 최신 정보를 갖고 수중 발굴 현장으로 갈 수 있다.

4 디지털 3D 모델로 선체의 프레임 단면도를 작성해서 실측도와 마찬가지로 다이버에게 전달하여 못이나 이음매의 위치를 직접 기입하도록 했다. 이들 정보도 GIS 소프트웨어에서 통합 관리했다.
5 며칠에 한 번은 수중 유적 전체의 실측도를 작성하여 이를 기반으로 팀 전체의 수중 유적 발굴 계획을 세웠다.

원래는 작업 중에 항상 느꼈던 개인적인 불만을 해소하기 위해 만든 방법이었다. 하지만 현장에서 작업하는 연구자 모두가 기뻐했다.

"이건 정말 굉장해!"

박사 논문 주제는 오직 이것뿐!

이 같은 방법론이 모든 수중 발굴 현장에 도움이 된다고 확신한 나는 학회에서 발표하기로 했다. 역사고고학학회Society for Historical Archaeology에서 매년 1월에 개최하는 학회가 있는데, 미국 수중 고고학 관계자 대부분이 모인다. 대학원생도 어렵지 않게 발표 기회를 얻을 수 있기 때문에 이미 몇 차례 발표한 경험이 있어서 편안한 마음으로 발표할 수 있었다.

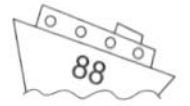

발표 후 참가자들로부터 많은 호평을 얻었다. 정해진 질의응답 시간만으로 부족해서 휴식 중에도 내 주위로 사람들이 몰려올 지경이었다. 학회가 끝나고 신학기가 시작된 후에도 미국을 비롯해 유럽에서도 문의 메일이 빗발쳤다.

'이대로 포르투갈 배에 관한 내용을 박사 논문으로 쓰기보다는 포토그래메트리를 사용한 침몰선 발굴을 체계적인 방법론으로 정리하는 게 더 큰 도움이 될지 몰라.'

며칠 동안 고민한 끝에 카스트로 교수를 찾아갔다.

"드릴 말씀이 있습니다. 박사 논문 주제를 바꾸어서 처음부터 다시 쓰고 싶습니다."

이 말에 카스트로 교수는 놀라는 기색을 감추지 않았다. 논문을 쓰고 있던 중이기도 했지만, 미국 대학원에서 박사 논문을 제출하는 절차도 걸림돌이었던 것이다.

미국 대학원에서 박사 과정을 밟는 학생은 논문을 쓰기 전에 예비시험preliminary exam을 치러야 하는데, 시험에 통과하면 보통은 논문 주제 변경을 허락하지 않기 때문이다.

미국 문과 계열의 대학원생은 담당 지도교수 한 명, 그 주제에 정통한 다른 담당 교수 두 명, 분야가 다른 교수 한 명씩 총 네 명의 담당 교수를 정해야 한다. 예비시험은 대학원생이 본격적으로 독자적인 연구를 추진하기에 앞서 담당 교수들이 '시험에 응시한 대학원생이 실질적으로 연구를 추진할 능력이 있는지' 가늠해보는 것이다.

4일 동안은 각 담당 교수가 낸 논술 시험을 하루 종일 치러야 한다. 5일째는 제출한 답안을 놓고 두세 시간 동안 담당 교수들과 면접 형식의 질의응답 시간을 갖는다. 면접 당일 전까지 질문 내용은 공개하지 않으며 이 시험에서 두 번 탈락하면 퇴학 처리된다.

나는 '16세기부터 17세기의 포르투갈과 영국 배의 설계 차이를 답하시오', '15~16세기에 대항해 시대가 가능했던 요인을 사회적 배경과 역사적 배경, 그리고 조선기술 발달의 측면에서 논하시오', '텍사스주에서 발견된 16세기의 침몰선 샌 에스테반San Esteban호의 보존처리된 선체 일부를 보고 배 전체의 특징을 고찰해보시오', '디지털데이터, 3D 모델과 CG 애니메이션이 고고학에 끼친 의의를 설명하시오' 등의 질문을 받았다.

시험에 합격하면 박사 과정의 대학원생은 ABD라고도 하는 All But Dissertation, 즉 박사 논문만 남은 박사 수료자가 된다.

학회에서 발표를 마친 나는 이미 ABD 상태였다. 게다가 논문도 윤곽을 잡고 한창 쓰고 있던 단계였다. 이런 상황에서 지금까지 진행한 연구과정과 쓰던 논문을 버리고 새로운 주제로 다시 쓰겠다고 말한 것이다. 그러니 카스트로 교수가 놀라는 것도 무리

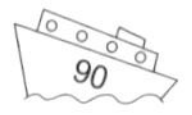

가 아니었다.

솔직히 거절당할 각오까지 했지만 카스트로 교수는 논문 주제 변경을 허락했다. 새로운 논문 주제가 그동안 성과를 보여온, 침몰선 복원 재구축에 포토그래메트리를 접목시킨다는 참신함이 있었던 데다 무엇보다 주제를 바꾸고자 하는 나의 강한 의지 때문이었다. 다만 원래 일정대로 5월까지 논문 작성을 전부 끝낸다는 조건이 붙었다. 다른 세 명의 교수에게는 카스트로 교수가 사정을 설명하고 양해를 구하겠다고 했다.

일본으로 돌아가야 할 위기에 빠지다

카스트로 교수와의 약속대로 무사히 '포토그래메트리와 복원 재구축 방법론'에 관한 논문을 제출하고 박사 과정을 마쳤다. 그런데 다소 난감한 상황에 부닥치고 말았다. 원래는 박사 후 연구원으로 텍사스A&M대학교에 남을 계획이었지만 연구비를 따내는 데 적지 않은 고생을 한 것이다.

선박 고고학 프로그램에는 원래 박사 후 연구원 제도가 없었기 때문에 본인의 연구비로 약 3만 달러를 준비하지 않으면 비자 신청 자체가 불가능했다. 예산이 없는데도 졸업 후 체류하는 외국인 연구원이 생기지 않도록 하는 조치였다.

연구비를 대학 이외의 외부 기관이나 지원 기금에 신청한다고 해도 결과가 나오기까지는 반년 이상 걸렸다. 게다가 내가 믿고 의지하던 연구비 신청이 통과되지 않았다는 사실을 알게 된 것은 졸업하기 바로 직전이었다.

미국인이라면 매 학기 1학점에 해당하는 수업료만 내면 일을 병행하면서 수년간 졸업을 유예할 수 있지만 유학생은 이런 방법이 허용되지 않았다. 만약 졸업을 1년 연기한다고 해도 미국의 높은 학비(약 1만 4,000달러)를 전부 내야 했다. 나는 돈이 없었기 때문에 일단 졸업 후 일본으로 돌아가서 아르바이트와 취업 활동을 하는 수밖에 없다고 생각했다.

이런 상황에 카스트로 교수를 포함한 선박 고고학 프로그램 교수 세 명이 나를 회의실로 불렀다.

'내가 뭘 잘못했나?'

전전긍긍하며 회의실로 들어서자 교수들이 기쁜 소식을 전했다. 학교에서 급여를 주는 것은 불가능하니 졸업을 1년 연기하는 대신 담당 교수 네 명이 자신들의 연구비 일부를 십시일반 모아서 내 학비와 급여를 주겠다는 것이었다.

'이렇게까지 해주시다니!'

교수들의 배려 덕분에 나는 2016년 5월까지 졸업을 미룰 수 있었다. 학점 취득도 끝났고, 박사 논문도 끝냈기 때문에 졸업까

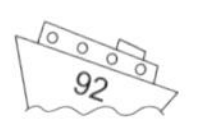

지 남은 기간을 연구실 학생들에게 포토그래메트리 기술을 가르치거나 교수들의 연구를 도우면서 비교적 느긋한 연구 생활을 만끽하며 보낼 수 있었다.

쏟아지는 박수갈채와 러브콜

그러던 중 2015년 9월, 3년에 한 번 열리는 대형 국제학회 ISBSAInternational Symposium on Boat and Ship Archaeology가 폴란드 그단스크 국립해양박물관에서 개최되었다. ISBSA는 조선학과 선박 고고학에 특화된 국제학회로, 전 세계 선박 고고학자들이 모이는 자리다. 일반적인 학회라면 주제별로 발표회장을 나누고 동시에 진행하면서 참가자가 듣고 싶은 섹션을 골라서 들을 수 있다. 하지만 ISBSA는 섹션이 하나뿐이다. 대회의장에 2,000~3,000명이 모여서 모두가 하나의 발표를 듣는 형식이다. 이 학회에는 유명 선박 고고학자가 많이 참석할 뿐만 아니라 수중 고고학 학회 중에서도 가장 권위 있는 학회로 알려져 있다.

나는 박사 논문을 학회 발표 주제로 신청했다. 그런데 덜컥 심사에 통과했다. 폴란드에 도착한 나는 몇 명의 유럽 친구들과 재회하고 기분 좋게 학회 첫날을 맞이했다.

4일째 되는 날 '포토그래메트리를 사용한 방법론'을 발표했다. '최신 기술을 응용한 침몰선 복원 재구축 이론을 진화시킨 새로운 방법론'이라는 거창한 소제목도 덧붙였다.

침몰선 복원 재구축은 전설의 선박 고고학자 리처드 스테피(1924년 5월~2007년 11월)가 고안했다. 전설이 만들어낸 방법론을 스스로 '진화시켰다'고 칭한 것이다. 생각해보면 너무나도 건방지고 낯간지러운 말이다. 이런 말도 안 되는 허세를 부린 걸 후회했지만, 솔직히 너무 긴장해서 어떻게 발표를 마쳤는지 거의 기억나지 않는다.

15분간의 발표를 마치고 질의응답이 시작되었다. 손을 든 사람은 약 스무 명이었는데, 회의장 뒤편에 앉아 있던 장년의 남성에게 마이크가 주어졌다. 보통은 앉은 자리에서 질문하는데, 그는 웬일인지 벌떡 일어나 내 쪽으로 성큼성큼 걸어왔다. 남성의 얼굴이 서서히 보이자 순간 얼어붙고 말았다.

'망했다….'

그는 프레드 호커 박사였다. 지금은 스웨덴 바사박물관에서 연구 주임을 하고 있는데, 내가 입학하기 훨씬 전에 텍사스A&M 대학교에서 교수를 역임했던 사람이다. 더구나 내 전공 분야인 침몰선 복원 재구축 연구실의 실장이기도 했다(호커 박사의 후임이 카스트로 교수다). 그는 세계 선박 고고학자들로부터 존경을 받는 대연구자였다. 대학교에서도 학생들에게 매우 엄격하기로 유명했

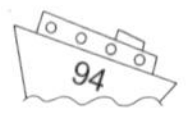

다고 한다. 여름 동안 바사박물관에서 인턴십을 했던 동급생이 자존심에 큰 상처를 입고 멘탈이 너덜너덜한 상태로 돌아온 일도 있었다. 그런 그가 마이크를 들고 나를 향해 걸어오고 있었다.

'돌아버리겠군!'

한시라도 빨리 도망치고 싶은 심정이었다. 호커 박사는 회의장 앞 중앙에 나와 이야기를 시작했다.

"지금껏 3D 스캔이나 포토그래메트리를 사용한 연구사례를 많이 봐왔고, 저 역시도 많은 디지털 스캔 전문가와 일해봤습니다. 하지만 그들이 가져온 데이터는 보기엔 좋았지만 연구에는 그다지 도움이 되지 못했죠. 저는 지금 발표를 듣고 이 디지털 툴은 학술 연구에 사용할 수 있겠다는 확신이 생겼습니다. 이런 생각이 든 건 처음입니다."

더할 나위 없는 찬사였다. 회의장은 순간 정적이 감돌다가 웅성이기 시작했다. 그리고 박수가 쏟아졌다. 나는 내 눈앞에서 일어나고 있는 일을 정확히 인지하지 못했다. 어쩔 줄 모르고 있는데 사회자가 다음 질문자를 물색했다. 아까는 스무 명 정도가 손을 들었지만 세 명으로 줄었다. 명망 높은 호커 박사가 그런 발언을 했으니 뒤이어 포토그래메트리에 대한 부정적인 발언을 할 사람은 없었던 것이다.

사회자가 회의장 맨 앞에 앉아 있던 사람을 지명하자 그가 질문했다.

"포토그래메트리를 사용해서 배의 구조를 어디까지 알 수 있나요?"

매우 추상적인 질문이었다. 하지만 나는 이에 대한 명확한 답변을 가지고 있었다.

"이 기술을 사용해도 배의 구조는 알 수 없습니다. 디지털 툴이 아무리 뛰어나도 어디까지나 도구에 지나지 않습니다. 해저에 노출되어 있는 유적의 표면을 디지털로 카피해서 작성하는 도구일 뿐이죠. 예를 들어 고대 선박의 제작 공정을 이해하려면 지금까지와 마찬가지로 일단은 외판이 보이는 곳까지 파내는 수밖에 없습니다.

무엇보다 배의 구조와 발굴 경험이 풍부한 고고학자가 사용하지 않으면 디지털 툴은 무용지물입니다. 다만 어떻게 활용하느냐에 따라 지금까지와는 다른 훌륭한 연구가 가능할 것입니다."

지금까지 경험해보지 못한 박수갈채가 쏟아졌다. 이날 이후 꿈같은 시간을 보냈다. 지나가다 마주치는 연구자들에게 칭찬 세례와 술자리 참석 요청을 받거나, 많은 의견을 주고받았다. 학회 마지막 날에는 폐회 총괄 대표가 나를 지명하며 "그의 발표를 듣고 수중 고고학의 새로운 시대가 열렸다는 확신을 가졌다"고 말했다.

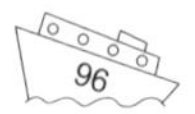

학회가 끝난 후 세계의 많은 연구기관에서 공동으로 발굴 연구를 해보자는 의뢰가 날아들었다. 내 일정은 단번에 1년 후까지 꽉 차버렸다.

길이 없으면 만들면 된다

어느 날부터인가 '좀 더 다양한 시각으로 연구하고 싶다'는 생각이 싹트기 시작했다. 침몰선 복원 재구축은 직소 퍼즐을 맞추는 작업과 유사하다. 그래서 완성도를 예상하지 못하면 잘 맞춰지지 않는다. 비슷한 여러 퍼즐을 맞춰본 경험, 즉 실제로 자신이 발굴해서 나온 목재 형상을 다양하게 확인해본 경험이 중요하다. 그래서 침몰선 유적 발굴 및 연구를 더 많이 해보고 싶었다.

'이 책에 실린 모든 유적을 내 눈으로 직접 보고 싶다.'

일본에서 수중 고고학자를 꿈꾸며 관련 책을 찾아볼 때마다 이런 생각을 했었다. 그 꿈을 이루기 위해 텍사스A&M대학교에 온 건 두말할 필요도 없다.

하지만 대학원에 들어와 보니 세계를 돌며 유적을 연구하는 수중 고고학자는 존재하지 않았다. 보통 조선사를 연구하는 수중 고고학자는 자신이 연구주제로 정한 나라에서 일한다. 예를 들어 스페인 배를 연구하는 학자는 스페인에 거주하며 활동한다. 미국의 플로리다주 연안에 침몰한 스페인 배를 조사하는 경우 발굴과 연구는 미국에서 하고, 스페인에서 침몰선과 관련된 공문서나 선행 연구 등을 조사하러 다니는 식이다.

교수가 되어 다른 나라에서 조사 의뢰를 받으면 대여섯 국가를 돌아다니기도 한다. 하지만 그래 봐야 평생 발굴과 연구에 참여할 수 있는 침몰선은 기껏 10~20척이다.

이리한 현실을 깨닫고 세계를 돌며 유적을 연구하고 싶다는 욕망이 수그러들 무렵, 세계 각지의 연구기관에서 의뢰가 들어오기 시작했다. 만약 1년에 열 건 이상의 침몰선 발굴 연구에 참여할 수 있다면 연구자로서 얼마나 행복할까? 100척의 침몰선을 경험하고 난 뒤에는 어떤 선박 고고학자가 되어 있을까? 이런 상상까지 하게 되었다.

'뭐가 정답일까?'

행복한 고민에 빠져 있을 때, 2012년 출간된 침몰선 복원 재구축 이론을 정립한 리처드 스테피의 평전 《배처럼 생각한 남자The Man Who Thought like a Ship》를 읽었다.

스테피는 원래 고고학자도, 역사학자도 아니었다. 아버지에게 물려받은 작은 마을의 전기공사업체를 운영하면서 틈날 때마다 고대 선박의 모형을 만드는 취미 생활에 몰두했다. 그는 1963년에 우연히 본 잡지에서 조지 바스(튀르키예에서 수차례 발굴 성과

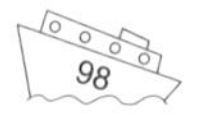

를 낸 수중 고고학의 아버지) 박사의 기사를 읽고 수중 고고학을 알게 되었다.

그리고 곧장 미국에 잠시 귀국 중이던 바스 박사를 찾아가 연구 팀에 들어가고 싶다고 당차게 말했다고 한다. 배의 모형을 만들어본 경험이 있던 스테피는 자신이 생각해낸 침몰선 복원 재구축이라는 침몰선 연구방법론의 가능성을 확신하고 있었다. 하지만 바스 박사는 '그런 방법론은 존재하지 않으니 일자리는 없다'고 했다. 그러자 스테피는 다음과 같이 말했다고 한다.

"그럼 제가 침몰선 복원 재구축의 첫 번째 전문가가 되면 되겠군요."

이렇게 해서 스테피는 사이프러스Cyprus로 이주한 뒤 연구 실적을 쌓아갔다. 1994년 출간된 스테피의 《목조선과 난파선의 해석Wooden Ship Building and the Interpretation of Shipwrecks》은 현재 세계 선박 고고학자들의 교과서가 되었다.

스테피는 '길이 없으면 스스로 만들면 된다'는 신념을 갖고 있었던 것이다. 연구자로서 가장 존경하는 인물이 이런 과정을 거쳐 선박 고고학에 뛰어들었다는 사실을 알고는 머릿속 안개가 말끔히 걷히는 기분이 들었다. 그렇지만 카스트로 교수에게 내 결심을 말할 때는 정말로 가슴이 아팠다.

"텍사스A&M대학교에 남지 않고 다양한 연구기관과 일해보

대학원 졸업식. 내 뒤에 카스트로 교수가 서 있다

고 싶습니다."

이 말을 듣고 슬퍼하던 카스트로 교수의 얼굴을 지금도 잊을 수 없다.

"혹시 제가 박사 후 연구원으로 학교에 남는다고 해도 그건 겨우 몇 년 정도일 겁니다. 언젠가는 이 학교를 떠날 수밖에 없다는 말이겠죠. 하지만 연구기관으로 가면 매년 몇 개월은 교수님과 함께 연구할 수 있어요. 그러니까 앞으로 쭉 함께 연구할 수 있게 되는 거예요. 교수님이 은퇴하실 때까지는 매년 만나러 오겠습니다."

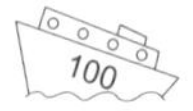

2016년 5월, 나는 텍사스A&M대학교 선박 고고학 프로그램 박사 학위를 취득하고 대학원을 졸업했다.

영어도 전혀 못하던 내가 수중 고고학자를 꿈꾸며 일본에서 트렁크 하나만 끌고 태양이 작열하는 텍사스로 왔다. 영어 공부 3년, 석사 과정 3년, 박사 과정 4년까지 총 10년이 걸렸다. 그리고 드디어 당당히 가슴을 펴고 '수중 고고학자'라는 명함을 내밀 수 있게 되었다. 이제 수중 고고학자는 꿈이 아니라 현실이 되었다. 전 세계를 다니며 연구하는 수중 고고학자로서의 삶이 시작된 것이다.

메게해에서 악취 풍기는 보물을 인양하다

느닷없이 날아든 의뢰

대학원을 졸업하고 반년이 지난 2016년 가을, 한 통의 메일을 받았다.

"야마후네 박사에게.

처음 인사드립니다. 나누고 싶은 이야기가 있는데 영상통화가 가능할까요?"

메일을 보낸 사람은 피터 캠벨로 영국 사우샘프턴대학교 University of Southampton에서 박사 과정을 밟고 있던 젊은 수중 고고학자였다. 나는 바로 연락했다. 가벼운 인사를 나누자마자 그가 단도직입적으로 물었다.

"지금 그리스 정부와 공동으로 침몰선 조사 프로젝트를 진행하고 있는데, 내년 여름에 기록 작업 책임자로 참여해줄 수 있나요?"

나는 얼굴에 흥분이 드러나지 않도록 한껏 자제하면서도 재빨리 답했다.

"가능합니다!"

영상통화를 끊고 혼자서 소리를 질렀다. 기쁨과 흥분을 감출 수 없었다.

"됐어! 됐어! 됐어!"

내가 이렇게까지 환호한 이유는 캠벨이 말한 프로젝트가 이미 〈내셔널 지오그래픽〉이나 고고학 잡지의 헤드라인을 장식할 정도로 수중 고고학계가 가장 주목하고 있는 프로젝트였기 때문이다.

2015년 캠벨과 그의 동료들은 에게해 동부에 위치한 그리스의 푸르니Fourni섬 연안에서 22척의 침몰선을 발견했다. 가장 오래된 침몰선은 기원전 700년~기원전 480년경의 것이고, 가장 최근은 16세기 배였다. 그들은 이렇게 많은 배를 단 2주 만에 찾아내는 쾌거를 이뤘다.

이 사실만으로도 큰 뉴스거리인데, 2016년에도 같은 지역에서 23척의 침몰선을 추가로 발견했다. 2년 동안 총 45척의 침몰선을 깊은 잠에서 깨운 것이다.

잡지에서 본 푸르니섬 풍경과 침몰선 유적의 사진은 너무나 아름다웠다. 내가 일본에서 넋 놓고 바라보며 '가보고 싶다'고 생

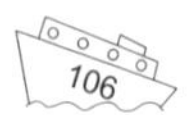

각한 꿈에 그리던 풍경 그 자체였다. 이 아름다운 프로젝트에 참여하고 있는 고고학자가 부러워 미칠 지경이었다.

캠벨에게 메일을 받기 전까지 내가 이 프로젝트에 참여하게 되리라고는 꿈에서도 생각하지 못했다. 지금은 고대 선박부터 제2차 세계대전 당시의 수중 전쟁 유적과 관련된 일까지 의뢰가 들어오지만, 2016년에는 주로 대항해 시대(15~17세기)와 그 이후 침몰선의 수중 발굴 조사 의뢰를 받았다. 내가 구축한 포토그래메트리 방법론이 11세기 이후 목조 범선 연구에 활용 가치가 높았기 때문이다.

11세기 이전 목조선은 외판을 먼저 만들고, 거기에 프레임을 맞추는 순서로 제작했던 것에 비해 11세기 이후에는 먼저 프레임부터 만들었다. 이렇게 해야 배 전체의 모양을 조정할 수 있기 때문이다. 그래서 11세기 이후의 배는 프레임 모양을 알면 어떤 의도와 기술로 배를 디자인했는지 파악할 수 있다(여기에 대해서는 5장에서 상세히 다루겠다).

내 포토그래메트리 활용 방법론은 수중 침몰선 유적에서 각 프레임 모양을 정확히 본뜰 수 있기 때문에, 특히 11세기 이후의 배 모양을 재현할 때 상당히 편리하다. 그래서 고대 선박도 조사 대상에 포함된 이 프로젝트를 내게 의뢰하리라고는 생각하지 못했다.

조만간 그리스에서 펼쳐질 프로젝트를 생각하면 좀처럼 마음이 진정되지 않았다.

아이 러브 학술 조사

고고학자는 보통 어떤 식으로 프로젝트에 참여할까? 참고로 나는 각국 정부의 고고학 연구기관이나 박물관, 대학 학술 조사 등의 의뢰만 받고 있다. 이유는 단 하나다. 연구가 병행되는 학술 조사를 선호하기 때문이다.

'학술 조사 이외에 고고학자가 투입되는 경우도 있나요?' 하고 의아해할 수도 있다. 하지만 전 세계 고고학 발굴 조사의 90퍼센트 이상은 건설 공사가 주요 목적이다. 일반적으로 건물이나 고속도로, 항구 등을 건설하기 전에 건설 예정지를 사전 조사한다. 이 조사 과정에서 문화유산이 발견되면 공사가 시작되기 전에 고고학자들을 발굴 조사에 긴급 투입한다. 지금 세계 곳곳에서 이루어지는 발굴 조사의 대부분이 이런 프로젝트다. 이때는 보통 보존 처리는 생략하고 기록만 남긴 후 끝내버린다.

이에 비해 학술 조사는 어딘가에서 중요 유적이 발견되었다는 보고가 연구기관에 들어오면, 먼저 그 기관이 국가나 지역에 관련된 중요 유적인지를 판단하기 위해 사전 조사를 시행한다. 그

후 정부나 재단에 발굴 연구비를 신청하고, 통과되면 조사 팀을 꾸린다.

고고학자에게 프로젝트 참여를 요청하는 과정은 보통 이 단계에서 이루어진다. 프로젝트의 리더가 연락하는 경우가 대부분인데, 일반적으로 지인이거나 학회에서 만난 적이 있는 고고학자들이다. 학회에 참석하면 저녁 친목회 자리에서 함께 술을 마시는 경우가 많다. 술자리의 대화 주제는 프로젝트나 연구 내용이다. 술자리에서 사람의 인성도 어느 정도 파악할 수 있어서 내가 의뢰를 받아들이는 판단 기준이 되기도 한다.

또 다른 경우는 워크숍이나 발굴 프로젝트에서 함께 일했던 수중 고고학자의 의뢰이다. 수중 고고학을 배울 수 있는 대학은 전 세계적으로도 아직 적은 편이다. 그래서 각국에서 앞장서서 활약하고 있는 육상 고고학자들이 여러 나라에서 이뤄지고 있는 수중 발굴 프로젝트에 참가하여 노하우를 익히는 사례도 많다. 그렇다 보니 아무래도 발굴 현장에는 수중 고고학자의 수가 적을 수밖에 없어서 서로 챙기는 경우가 종종 있다.

예를 들어 콜롬비아에서 함께 수중 발굴 작업을 했던 수중 고고학자로부터 우루과이 프로젝트 참여 요청을 받고 일하다가 알게 된 멕시코 수중 고고학자로부터 또 다른 의뢰를 받기도 한다.

어딘가에서 내 연락처를 알아내 의뢰하는 경우도 있다. 그리스 푸르니섬 프로젝트로 연락한 캠벨도 직접 만난 적이 없다. 다만 둘 다 알고 있던 지인에게 내 이야기를 듣고 연락한 것이다.

수중 고고학자의 속사정

'프로젝트에 참여하는 수중 고고학자는 보수를 얼마나 받을까?'

많은 사람이 궁금해할 질문이다. 하지만 수중 고고학자들은 항상 골치가 아프다. 일본보다 물가가 훨씬 높은 핀란드나 덴마크에서 들어오는 의뢰도 있고, 반대로 물가가 낮은 콜롬비아나 크로아티아에서 들어오는 의뢰도 있기 때문이다.

일본이나 미국에서 진행하는 프로젝트 참여 보수를 100이라고 하면, 핀란드나 덴마크는 150~200, 크로아티아나 콜롬비아는 30~50이다. 코스타리카나 미크로네시아 같은 경우에는 10~20 수준으로 책정할 때도 있다. 일본과 미국 프로젝트에 참여하면 생활에 불편함이 없을 정도의 보수를 받을 수 있다. 핀란드나 덴마크 프로젝트에 참여할 때는 입꼬리가 절로 올라간다. 다만 이런 선진국에서는 수중 고고학이 번성하고 있어서 좀처럼 새로운 학술 연구의 기회가 생기지 않는다. 크로아티아나 콜롬비아는 보수가 낮지만 이제 막 연구가 시작되는 단계이기 때문에 일감이 많다. 그

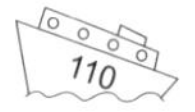

래서 웬만해서는 의뢰를 거절하지 않는다.

보통 의뢰인이 항공료와 식대, 숙박 시설은 보수와 별개로 준비해주기 때문에 발굴 조사 기간에는 개인적인 지출이 거의 없다. 하지만 금전적인 여유가 생기면 곧바로 값비싼 학술 문헌을 사기 때문에 생활이 여유로운 편은 아니다.

그런데도 매일이 즐겁다. '적은 보수를 받고 일한다'가 아니라 '무료로 해외여행을 하면서 용돈도 번다'고 생각하기 때문이다. 이런 즐거운 직업이 또 있을까 싶다.

꿈에 그리던 그리스에 도착하다

2017년 여름, 나는 꿈에 그리던 그리스에 도착했다. 캠벨이 아테네 공항으로 마중을 나왔다. 그와는 몇 차례 영상통화를 했기 때문에 첫 만남이라는 생각이 들지 않았다.

그리스 거리의 첫인상은 상상했던 것과는 조금 달랐다. 이탈리아 로마처럼 그리스 아테네에도 고대와 중세의 도시 분위기가 남아 있을 거라고 생각했는데, 30년 이상 됨직한 콘크리트 빌딩이 잡다하게 늘어서 있었다. 생각해보니 고대부터 중세까지 죽 번영을 누렸던 이탈리아와 달리 아테네는 중세 시대에 암흑기를 보내야 했다.

그래서일까? 아테네는 고대 유적 외에는 대부분 근대부터 현대에 조성된 것처럼 보였다. 그래도 대로변이나 전망이 좋은 언덕 위에서는 아크로폴리스에 있는 파르테논 신전이 보였다. 멀리서 봐도 역시 장대한 광경이다! 그리스에 있다는 것이 비로소 실감이 났다.

캠벨은 정말 실력이 좋은 연구자다. 이번 프로젝트를 관장하고 있는 것만 봐도 동년배의 수중 고고학자 중에서 최고 수준일 것이다. 이 정도면 사람들이 질투할 만한데 털털하고 꾸밈없는 성격 덕분에 그를 나쁘게 말하는 걸 본 적이 없다.

어벤져스급 프로젝트팀 구성

그리스에 도착하자마자 사흘 동안은 프로젝트 준비로 분주했다. 캠벨과 나는 아테네 시내를 돌아다니며 각종 장비를 마련했다. 산소 탱크를 비롯해 다이빙 용품, 인양된 유물이 공기와의 접촉으로 말라서 깨지는 것을 방지하기 위한 플라스틱 수조, 오랫동안 유물에 달라붙어 있는 해양 생물을 제거하기 위한 에어 스크라이브(치과에서 사용하는 치석 제거기와 비슷한 도구) 등을 대형 트럭에 실었다. 또 푸르니섬에서 사용할 소형 보트 세 척도 준비했다.

당시 프로젝트팀의 리더는 고대 그리스 문명이 전문인 고고

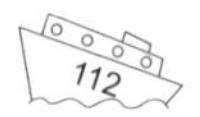

학자 쿠트수플라키스 박사로, 그리스 정부의 고고학청에서 근무하고 있었다. 팀원의 80퍼센트는 그리스인이다. 그리스 팀원들은 주로 보존처리 작업을 맡았는데, 앙겔로스와 그의 제자 여섯 명이 참여했다. 그 밖에 프로 다이버가 여섯 명, 소형 보트 선장 세 명, 수중 사진가 세 명, 그리고 CAD 소프트웨어와 GIS 소프트웨어를 사용할 수 있는 건축가와 예술가 등 세 명이 작업 다이버로 참가했다.

반면에 캠벨이 이끄는 그룹은 다섯 명밖에 되지 않았는데, 나와 해양 생물학 학위를 갖고 있는 다이빙 인스트럭터 디렉터, 미국 대학원생 멧, 그리스에서 막 석사 과정을 수료한 리가 전부였다. 우리의 주요 임무는 지금까지 발견된 침몰선 유적의 모습을 포토그래메트리를 사용해서 기록하는 것이고, 나는 그 책임자로 고용되었다. 나를 제외한 네 명은 미국 수중 고고학 조사기관 소속이었다.

이 중에 처음부터 끝까지 푸르니섬 프로젝트에 참가한 사람은 열다섯 명이었고, 그리스의 대학에서 고고학을 전공하는 학생들, 프로젝트에 출자한 기업 직원 등은 1~2주 간격을 두고 교대로 참여했다. 팀원 교체는 빈번한 일이지만, 한 번에 스무 명 이상이 작업하는 것은 역대급이었다.

암포라를 찾아라!

푸르니섬에서 3주 동안 진행할 수중 유적 조사 프로젝트는 팀원을 모두 다섯 조로 나누어 작업하기로 했다. 그리스 팀원들은 다이버 중심으로 두 조, 보존처리 작업 중심으로 한 조를 짰다. 다이버 조는 아직 조사가 끝나지 않은 해안선을 계속 조사하기로 했다.

수중 유물의 보존 상태는 육상보다 좋지만 고대 선박이라면 선체 목재 부분이 이미 썩었을 가능성이 높고, 해저에 묻혀 있는 부분은 눈으로 확인할 길이 없다. 와인 등의 액체를 운반하기 위해 사용하는 암포라Amphora(고대 그리스나 로마 시대에 사용하던 몸통이 불룩하고 양쪽에 손잡이가 달린 항아리 – 옮긴이)가 해저면에 노출되어 있는 경우가 많고, 선체의 목재 부분은 그 아래에 숨겨져 있는 식이다.

침몰선 찾기는 암포라 찾기라고 해도 과언이 아니다. 암포라는 측량 기기로는 돌덩이와 구별할 수 없다. 그래서 다이버들이 열을 지어 움직이며 눈으로 찾는 수밖에 없다. 다이버 조가 암포라를 찾으면 보존처리 작업조는 인양된 암포라가 공기와 접촉해서 열화하지 않도록 바로 보존처리를 하기로 했다. 암포라의 모양으로 침몰선의 시대와 출항 지역을 가늠할 수 있기 때문에 암포라 연구는 고대 그리스와 고대 로마의 고고학에서 가장 활발한 연구분야 중 하나다.

우리는 모든 준비를 마치고 아테네 근처의 피레우스Piraeus 항구에 모여 푸르니섬으로 출발했다. 페리선으로 아홉 시간이 걸리는 긴 여행이었다.

소박하면서도 느긋한 푸르니섬

에게해 동부에 위치한 푸르니섬의 면적은 약 45제곱킬로미터, 인구는 약 1,500명이다. 지도를 보면 그리스보다 튀르키예에 더 가깝다. 섬에는 스무 명 이상의 팀원이 함께 머무를 숙박 시설이 없기 때문에 항구 마을을 거점으로 삼아 아파트 몇 곳을 빌렸다.

섬에 도착한 다음 날은 보존처리를 위한 텐트(간이 기지)와 산소 탱크 충전을 위한 압축기를 설치하고, 세 척의 소형 보트를 준비했다. 저녁 식사 전에 겨우 자유 시간이 생겨 혼자서 숙소 앞 해변을 거닐었다.

'정말 아름답구나!'

상상했던 에게해의 풍경 그대로 건물은 새하얗고, 해변 주위에는 키가 낮은 올리브나무가 무성했다. 유명한 관광지 산토리니섬의 사진을 떠올리면 내가 푸르니섬에서 보고 있는 풍경을 상상할 수 있지 않을까?

현지 주민들도 느긋한 생활을 보내고 있었다. 마을에서 조금 떨어진 길가에는 염소가 거닐고 있었다. 섬에서 방목하고 있는 염소인 듯했다.

'얼마나 소박하고 서정적인 풍경인가!'

하지만 잊어서는 안 된다. 아름다운 바다 저 아래에는 수십 척의 배가 잠들어 있다는 것을.

꿈 같은 조사 현장

드디어 푸르니섬에서의 조사 첫날이 밝았다. 우리 조는 침몰선 현장을 보기 위해 잠수를 했다. 바다의 색은 보랏빛과 푸른빛이 혼합된 사파이어 블루다. 우리 뒤로 적어도 100미터는 되어 보이는 새하얀 절벽이 우뚝 서 있었다. 침몰선이 있는 지점은 부두에서 소형 보트로 10분도 걸리지 않았다.

잠수 준비를 마친 나는 캠벨과 함께 바다로 뛰어들었다. 수심 20미터를 유지하면서 해안선을 따라 북쪽으로 300미터 정도 헤엄쳐 갔다.

'물속 경치도 최고다!'

투명도가 40미터는 되어 보였다. 물속이 아니라 파란 세계를

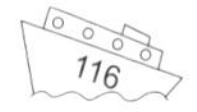

날고 있는 것 같았다. 물속에서 보이는 완만한 하얀 절벽은 바닷물로 파란 칠을 한 듯했다.

‘침몰선은 어디에 있지?’

지금까지의 조사 경험으로, 침몰선은 눈에 힘을 주고 보지 않으면 찾을 수 없다는 사실을 알고 있었다. 암포라도 물속에서는 돌과 구별하기 어렵기 때문이다. 하지만 푸르니섬의 유적 현장에서는 그럴 필요가 없었다. 굳이 찾지 않아도 수백 개의 암포라 더미가 보였다. 수심이 얕은 바닷속에 침몰했기 때문에 파도의 영향으로 깨지고 부서져 완전한 형태를 갖춘 것은 없었지만 손잡이 파편 등은 형태를 유지하고 있었다.

“우와! 대단해!”

피터와 나는 산처럼 쌓여 있는 암포라 더미를 한 바퀴 돌고 난 다음 북쪽으로 이동했다. 그곳에서 두 척의 침몰선을 더 확인했다. 이곳에도 마찬가지로 암포라 더미가 보였다. 100미터마다 침몰선이 있었다!

‘이곳에서는 도대체 무슨 일이 있었던 거야?’

리더에게 인정받다

발굴 현장은 그리 녹록지 않았다. 수중 조사 이틀째 아침, 프로젝트 리더 쿠트수플라키스 박사가 나를 불렀다.

"나는 포토그래메트리를 그다지 신뢰하지 않아요. 지금까지 많은 팀에서 포토그래메트리를 사용해봤지만 오차가 심했죠. 고고학 연구에는 전혀 도움이 되지 않았어요. 캠벨의 요청으로 당신을 불렀지만 너무 애쓰지 말아요. 적당히 즐기며 시간을 보내도록 해요."

'헉! 그렇게 생각한단 말이지?'

박사의 말에 내심 속상했지만 그다지 놀라지는 않았다. 지금은 아니지만 2018년 즈음까지는 흔하게 겪은 일이었다.

고고학자들이 왜 포토그래메트리를 신뢰하지 않는지 나도 잘 알고 있었다. 포토그래메트리에 관한 지식과 기량이 부족한 사용자는 카메라 설정과 데이터 활용법이 미숙해서 데이터를 잘못 처리한다. 그렇다 보니 연구에 도움이 안 되는 조잡한 포토그래메트리 디지털 3D 모델을 만들어 결과물로 내놓는 것을 여러 차례 봤기 때문이다.

고고학자들이 이렇게 정밀도가 낮은 포토그래메트리만 봐왔다면 불만을 가지는 게 당연하다. 하지만 나도 보수를 받고 일하러 푸르니섬 프로젝트에 참여했다. 포토그래메트리를 사용한 디지털 3D 모델 제작과 그 모델로 실측도를 작성하는 일을 제쳐두고 일광욕이나 즐길 생각은 없었다.

"무슨 말씀인지는 잘 알겠습니다. 하지만 저는 박사님이 침몰선 유적을 분석할 때 조금이라도 도움이 되는 정보를 만들고 싶습니다."

멀리서 캠벨이 웃으며 이쪽을 바라보는 게 보였다.

며칠 후, 나는 아침 식사 시간에 박사에게 슬쩍 말을 건 다음 침몰선 유적의 디지털 3D 모델을 보여줬다. 박사의 눈빛이 달라졌다.

"어떻게 한 거죠? 데이터의 정밀도는요?"

나는 디지털 3D 모델의 정밀도와 그 근거를 설명하고, 이를 기반으로 작성한 실측도를 보여줬다.

"어떻게 이런 게…."

박사는 말을 잇지 못하고 실측도를 뚫어져라 쳐다봤다.

같은 고고학이라고 해도 나라마다 다른 경향을 보인다. 연구의 주요 목적이나 유적에서 얻고자 하는 정보가 다르기 때문이다. 고고학자가 작성하는 실측도를 보면 이러한 경향을 알 수 있다.

나는 건축가 팀원에게 지금까지 그리스 팀이 수작업으로 작성한 실측도를 보여달라고 했다. 실측도는 침몰선이 어떻게 가라앉았으며 유적이 바닷속에서 어떻게 변화해왔는지 등의 정보 위주로 작성되어 있었다. 암포라의 방향과 종류도 정확히 기재되어 있었다.

이 실측도를 보고 나는 그리스 수중 고고학자들은 유적 주변의 지형과 암포라의 모양, 출토 위치를 중요하게 생각한다고 추측했다. 그래서 지형과 암포라의 모양을 상세히 알 수 있는 실측도를 작성했다. 그리스 팀을 총동원해도 몇 주나 소요되는 작업이었다. 그런데 프로젝트를 시작하고 며칠 지나지 않아 눈앞에 떡하니 실측도를 들이민 것이다. 게다가 오차 범위는 밀리미터 단위로 아주 정밀했다.

박사는 곧바로 다른 팀원을 불러서 침몰선 유적을 살펴보기 시작했다. 그리스어였지만 흥분된 어조로 이야기를 나누고 있다는 것을 알 수 있었다. 나는 열띤 토론을 하던 박사에게 물었다.

"이 정보가 도움이 되나요?"

"물론!"

박사는 힘주어 말했고, 캠벨은 옆에서 싱글벙글 웃고 있었다.

검푸른 바닷속, 이 얼마나 아름다운가!

쿠트수플라키스 박사는 프로젝트를 시작한 지 2주째가 되던 날, 나에게 기록 작업 지시를 내렸다.

"푸르니섬의 많은 침몰선 유적 중에 특히 수심이 깊은 곳에 있는 것은 파도의 영향이 없기 때문에 보존 상태가 좋습니다. 도

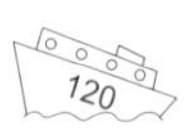

굴이 이루어지지 않았을 가능성도 크죠. 수심 45미터, 50미터, 60미터 지점에 있는 세 척의 침몰선에서 암포라를 몇 개 인양할 계획이에요. 작업을 개시하기 전에 침몰선의 디지털 3D 모델과 실측도를 작성해주었으면 해요."

수심 40미터보다 더 깊게 잠수한 경험이 없었기 때문에 조금은 불안했다. 수중 작업은 반드시 2인 1조로 진행한다. 만일의 사태에 대비해 준비한 예비 레귤레이터를 파트너에게 줄 수 있기 때문이다.

수심 10미터 이내는 다이빙 장비에 문제가 생기더라도 수면까지 쉽게 올라갈 수 있어서 목숨을 잃을 위험은 거의 없다. 수심 30미터에서도 급부상하면 잠수병에 걸릴 위험은 있어도 죽음에 이르지는 않는다.

그러나 수심 40미터가 넘는 깊은 곳에서 사고가 일어난다면, 게다가 파트너가 근처에 없다면 그야말로 속수무책이다. 수심 40미터가 넘는 곳에서 작업해야 한다는 말을 듣고 나니 내가 하는 일이 얼마나 위험한지 다시 한번 실감할 수 있었다.

'내 일은 목숨을 걸어야 하는 일이구나.'

먼저 수심 45미터 지점의 침몰선 유적부터 기록을 시작했다. 당시 느꼈던 긴장감은 지금도 정확히 기억난다.

'좀 무서운데?'

태양광이 충분한 수면 부근에서는 해저가 보이지 않는다. 투명한 물속으로 보이는 해저 저편은 그저 칠흑이다. 수심 25미터 지점까지 잠수하면 주변이 점점 어두워진다. 더 깊이 잠수하면 빛이 충분이 도달하지 않기 때문에 검푸른 어둠 속에 있는 듯한 기분이다. 이런 어둠에 눈이 익숙해지면 서서히 침몰선이 보이기 시작하는데, 마치 깊고 푸른 세계에서 유적이 희미하게 다가오는 듯한 느낌이다.

주변이 어둡기 때문에 카메라에 달린 수중 라이트를 켰다. 돌연 아름다운 세계가 눈앞에 펼쳐졌다. 차곡차곡 쌓여 있는 암포라와 라이트 불빛을 받아 놀랄 정도로 하얗게 빛나는 해저가 내 주변의 검푸른색을 한층 더 짙게 만들었다. 암포라에는 검은색, 오렌지색, 붉은색의 해면(스펀지)이 달라붙어 있었다. 마치 유화 물감을 칠해놓은 듯했다. 처음 보는 광경에 감동이 밀려왔다.

'해저가 이렇게 다채로울 줄이야!'

계속해서 수심 60미터 지점까지 잠수를 했다. 수심 50미터보다 깊은 곳은 또 다른 세계가 펼쳐진다.

'이대로 빨려 들어가는 거 아니야?'

눈이 어둠에 익숙해지면 칠흑 같은 검푸른색이 서서히 보랏빛을 띠며 뭐라고 형언할 수 없는 아름다운 색채로 바뀐다. 마치 나도 이 속에 녹아버릴 것 같은 생각에 휩싸인다. 그 정도로 짙고

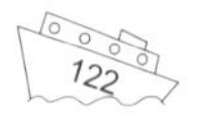

깊은 푸르름이다.

'이 얼마나 아름다운 세계인가!'

수심 60미터는 내가 지금까지 경험한 가장 깊은 곳이다. 침몰선의 아름다움과 나 자신도 푸르름의 일부가 된 것 같은 기분은 아직도 생생하다.

수중 작업의 시작은 예비 조사

내가 세계 발굴 현장 곳곳을 돌아다니며 잠수하는 이유는 포토그래메트리를 활용하기 위해서다. 디지털 3D 모델을 작성하는 것은 컴퓨터 소프트웨어이기 때문에 내가 물속에서 해야 하는 일은 소프트웨어에 필요한 데이터를 수집하는 것, 즉 디지털 사진 촬영이다.

나는 첫 번째 다이빙부터 바로 사진 촬영을 하지 않는다. 먼저 카메라 없이 현장을 살피면서 실측도에 넣어야 할 범위를 정한다. 예를 들어 해저의 여기저기에 드러나 있는 유물(화물)뿐만 아니라 유물이 흩어져 있는 형태와 주위의 지형, 그리고 앞으로의 발굴 작업으로 드러날 선체의 범위를 눈으로 확인하고 예측한다. 그리고 어떤 식으로 유적을 돌며 사진 촬영을 해야 왜곡이나 누락 없이 필요한 정보가 모두 반영된 디지털 3D 모델이 완성될지 고려해서 이동 경로를 정한다.

보통 두 번째 다이빙을 할 때부터 사진 촬영을 하는데, 이때도 무작정 촬영을 시작하지는 않는다. 먼저 스케일 바scale bar(커다란 자)를 침몰선 유적 주변에 설치한다. 이때 스케일 바는 나중에 디지털 3D 모델로 실측도를 작성했을 때 테두리가 되도록 유적 바깥쪽에 설치한다. 이렇게 스케일 바를 디지털 3D 모델의 일부로 반영하여 작성하면 나중에 디지털 3D 모델에 치수를 반영할 수 있다.

스케일 바 설치가 끝나면 스케일 바 각각의 수심을 다이브컴퓨터로 측정해서 기록해둔다. 이때 측정된 수심을 이용하면 디지털 3D 모델에 올바른 기울기를 반영할 수 있다. 정확한 치수와 정확한 기울기를 알면 국지적 좌표를 유적의 디지털 3D 모델에 반영할 수 있다.

빛과 어둠의 한가운데

내 촬영 장비는 일반적인 디지털카메라로, 수중 하우징(방수케이스)에 넣어서 사용한다. 카메라는 고화질일수록 좋다. 렌즈는 광각을 사용한다. 수중 유적은 항상 투명도가 문제이므로 광각 렌즈를 사용하면 유적에 가까이 다가가도 넓은 범위를 촬영할 수

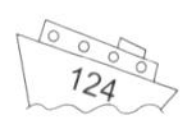

있다. 또 촬영 대상물과 카메라 사이에 '물의 양'이 적을수록 깨끗한 사진을 찍을 수 있기 때문에 가능한 한 가까이에서 촬영하려고 한다. 왜곡이 큰 어안 렌즈는 피해야 한다.

또 하나 중요한 핵심은 '광원'이다. 물속은 당연히 육상보다 어둡다. 물은 태양광의 붉은빛을 흡수하기 때문에 수면부터 해저까지 온통 파란빛이다. 그래서 강력한 플래시라이트를 수중 하우징에 장착한다. 하우징의 좌우 손잡이 앞에는 스탠드 조명처럼 늘리거나 꺾을 수 있는 암 스탠드를 장착해서 라이트를 세팅한다. 2019년까지 강력한 플래시라이트 두 개를 세팅해서 사용하다가 2019년 이후부터는 여기에 비디오라이트 두 개를 추가해서 총 네 개의 수중 라이트로 대상물을 비춰 촬영하고 있다.

카메라의 조리개 값과 셔터 스피드는 높게 설정한다. 이렇게 하면 빛 번짐이나 손떨림을 최소화할 수 있기 때문에 선명한 사진을 찍을 수 있다. 그런데 조리개 값과 셔터 스피드를 모두 높게 설정하면 사진이 어둡게 나온다. 그래서 빛의 양이 충분한 수중 라이트를 네 개씩 사용하는 것이다.

다만 수중 라이트가 카메라와 가까우면 물속 불순물 때문에 빛 반사가 생기는데, 이런 현상을 막기 위해 최대한 긴 암 스탠드를 사용하여 라이트의 위치를 멀찍이 벌려놓는다. 또한 라이트를 좌우 대칭으로 장착하여 라이트로 인해 발생하는 그림자를 상쇄

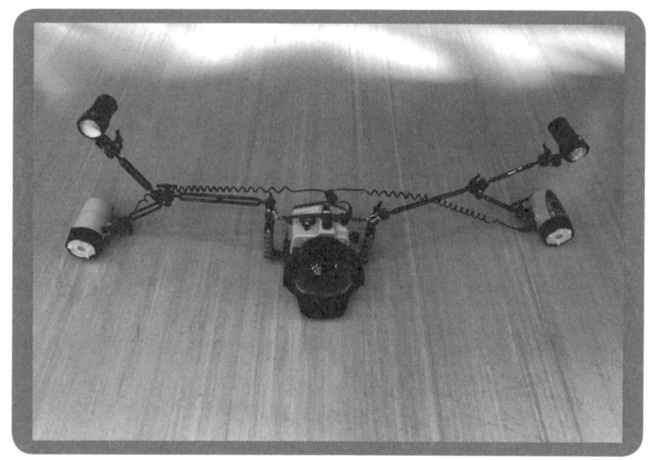

수중 하우징에 수중 라이트를 장착한 카메라

시킨다. 이렇게 세팅한 카메라를 손에 든 모습은 마치 거대한 게를 들고 있는 것처럼 보인다.

물속에서는 모든 게 파랗게 나오기 때문에 촬영할 때 사용하는 플래시라이트를 켜둔 상태로 카메라의 화이트 밸런스 설정을 조절한다.

이 모든 설정을 모두 마치고 난 후에야 비로소 포토그래메트리를 위한 사진 촬영을 시작한다.

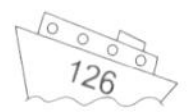

UFO처럼 움직여라!

디지털 3D 모델을 제작하려면 상당히 많은 사진이 필요하다. 포토그래메트리 소프트웨어는 카메라로 촬영한 사진의 위치 변화를 자동적으로 인식한다. 촬영 작업을 할 때는 위치를 바꿔가며 수백, 수천 회 반복해서 대상물을 카메라에 담는다. 말하자면 유적 주위를 수백, 수천 개의 눈으로 살펴보고 형태를 파악하는 셈이다. 포토그래메트리에서는 이러한 눈의 기능을 디지털 사진이 대신한다고 생각하면 된다.

촬영할 때는 대상물의 빈 곳이 없도록 지금 찍은 사진과 다음에 찍을 사진이 80퍼센트 이상 겹치도록 한다. 대상물의 한 부분을 5회 연사로 촬영(촬영 범위는 20퍼센트씩 진행)하는 것이다. 이렇게 하면 소프트웨어가 연속 촬영된 부분을 정확히 인식할 수 있고, 촬영에서 빠지는 부분이 없다.

또한 셔터를 누를 때 대상물과 거리를 많이 두면 투명도가 떨어져 선명한 사진이 나오지 않기 때문에 보통 1~1.5미터 정도의 거리를 유지한다. 대상물의 중요한 부분은 30~50센티미터까지 접근해서 찍기도 한다.

30분 동안 2,000장의 사진을 찍은 적도 있었다. 1초에 1회 이상 셔터를 눌렀다는 소리다. 사진 촬영은 한 번의 다이빙으로 끝나지 않는 경우가 많아서 수차례 잠수해 촬영 작업을 이어가야 한다.

그럼 왜 '자동 촬영 모드'를 사용하지 않느냐는 질문을 자주 받는다. 한 컷 한 컷 오토포커스로 초점을 잡기 위해서다. 셔터를 반만 누르면 대상물에 자동으로 초점을 맞춰주기 때문에 선명한 사진을 얻을 수 있다.

유적에 다가가거나 멀어지면서 촬영을 하다 보면 수중 플래시라이트와 대상물의 거리가 모두 달라 사진의 밝기도 제각각인 경우가 생긴다. 또 얕은 수심에서 작업할 때는 태양이 구름에 가렸는지 아닌지에 따라 밝기가 달라진다. 물속에서는 이런 변화가 자주 일어나기 때문에 순간적으로 조리개 값과 셔터 스피드를 조작해서 노출(밝기)을 조절하며 촬영 작업이 중단되는 것을 최소화한다. 그래서 카메라를 '몸의 일부'처럼 마음대로 조종할 수 있어야 한다.

다만 한 가지 문제가 있다. 바로 손가락 저림이 생기는 것이다. 매년 발굴 시즌이 시작되면 손가락 근육과 이어진 손등에 근육통이 재발한다. 일종의 직업병인 셈이다.

이 밖에도 정성을 기울여 찍어야 할 때는 수영 속도를 줄이기도 하고, 작은 구덩이나 큰 침몰선의 측면 전체를 찍어야 할 때는 몸을 거꾸로 세우기도 한다. 수중 유적을 촬영할 때는 속도뿐만 아니라 섬세한 움직임도 필요하다. 셔터를 누를 때마다 순간적인

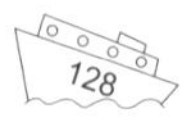

물속에서 촬영할 때 모습

판단력이 요구된다.

수중 촬영 작업이 시작되면 다리를 전력으로 움직여 앞으로 나아가면서도 손가락 끝에 신경을 집중시켜서 촬영을 반복한다. 동시에 오버래핑(사진 겹침)을 확보하기 위한 촬영 빈도를 계산해야 하고, 나의 위치를 파악하기 위해 주위를 힐끔힐끔 확인하면서 끊임없이 헤엄쳐야 한다.

어떤 동료는 이런 내 모습을 보고 "마치 물속에서 UFO가 이동하는 것 같다"고 말했다. 멀리에서는 내가 불규칙적으로 재빠르게 움직이며 분주히 돌아다니는 것처럼 보였나 보다.

프로젝트 중에는 살이 찐다

많은 사람이 해외를 돌아다니며 수중 발굴 일을 하면 힘들어서 살이 빠질 거라고 생각한다. 하지만 나는 프로젝트 기간이 길어지면 길어질수록 체중이 느는 편이다.

푸르니섬 프로젝트에서는 5일에 한 번 꼴로 항구의 보존처리 작업용 텐트 주변에서 간소한 파티가 열렸다. 파티가 열리는 날에는 발굴 작업 중에 시간이 비는 그리스인 팀원들이 생선을 잡아왔다. 그러면 보존처리 책임자이자 셰프인 앙겔로스가 나서서 요리를 했다. 그런데 이게 또 별미다! 그래서 평소보다 음식을 많이 먹었다.

가끔은 성게알이나 조개도 캐 왔다. 이건 뭐 수중 고고학 일을 하러 온 건지, 낚시를 하러 온 건지 헷갈릴 정도다. 분위기가 무르익으면 술잔도 기울인다. 문제는 이게 저녁 식사가 아니라는 것이다. 저녁 8시부터는 식당에 맛있고 푸짐한 저녁 식사가 준비되어 있다.

그리스에서뿐만 아니라 수중 고고학 프로젝트를 진행하다 보

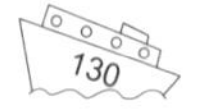

면 폭식과 폭음을 할 때가 많다. 어쩌면 셰프가 고생하는 팀원들의 사기를 북돋기 위해 무리하는 것인지도 모른다. 그 마음은 고맙지만 내 몸에는 착실하게 지방이 쌓여간다. 그래서 발굴 시즌이 끝난 1~2월에는 5킬로그램을 감량하기 위해 다이어트를 해야 하는 처지에 놓인다.

인양한 보물을 빠르게 복원하라!

내 체중 증가에 한몫 단단히 한 앙겔로스는 훌륭한 보존처리 전문가다. 프로젝트 리더 쿠트수플라키스 박사와 마찬가지로 그리스 정부의 고고학청 소속이며, 평소에는 육상에서 출토된 유적의 보존처리나 복원수리 업무를 한다.

유물 탐사와 인양을 병행하는 수중 고고학 프로젝트에는 앙겔로스 같은 보존처리 전문가가 적어도 한 명은 참여한다. 인양한 유물의 구성 물질이나 상태를 이해하고, 그에 맞게 다양한 장비와 약품을 활용해 보존처리를 하는 전문가는 수중 발굴 현장에서 꼭 필요하다.

예를 들어 수백에서 수천 년 동안 물속에 가라앉아 있던 목재는 세포 속 성분이 녹아서 밖으로 흘러나오고, 대신 수분이 세포 속으로 흡수된다. 이때는 세포벽이 간신히 목재의 형태를 유지하고 있는 상태다. 쉽게 말해 물을 머금고 있는 스펀지와 같다. 이 목재가 공기와 접촉하면 수분이 증발하면서 표면장력에 의해 목재의 세포벽이 파괴되어 폭삭 찌부러지고 만다.

부엌 싱크대에 바짝 말라 있는 수세미용 스펀지를 떠올려보자. 다만 스펀지와 달리 수백에서 수천 년 동안 물속에 가라앉아 있던 침몰선의 목재는 한 번 건조되고 나면 다시 물을 적셔도 원상 복구가 되지 않는다. 그래서 적절한 보존처리를 빠르게 하지 않으면, 목재의 형태나 배를 만들 당시 표면에 새긴 문양과 톱질 흔적 등 귀중한 고고학적 정보를 영원히 잃어버리고 만다.

철을 비롯한 금속도 바닷물에 장기간 노출되면 금속의 전자가 바닷물 성분과 반응하여 부식되는 전해부식電解腐蝕이 일어나서 금속 주위에 불순물이 형성된다. 불순물을 잘 처리하지 않으면 유물 자체에 상처를 입히게 된다. 암포라 같은 도자기도 바다에 오랫동안 가라앉아 있으면 표면이나 갈라진 틈으로 바닷물이 침투한다. 이러한 유물을 인양할 때 공기와 접촉하면 바닷물이 증발하고 유물 내부의 염분이 결정화되면서 부피가 늘어나 내부에서부터 폭발한다. 그래서 적절하게 염분을 빼는 작업이 필요하다.

앙겔로스는 보존처리 전문가로서 '수중에서 인양한 유물은 당일 보존처리를 완료한다'는 신념을 갖고 있다. 특히 암포라 표면의 모양이나 글씨는 고고학적으로 매우 귀중한 정보라서 암포

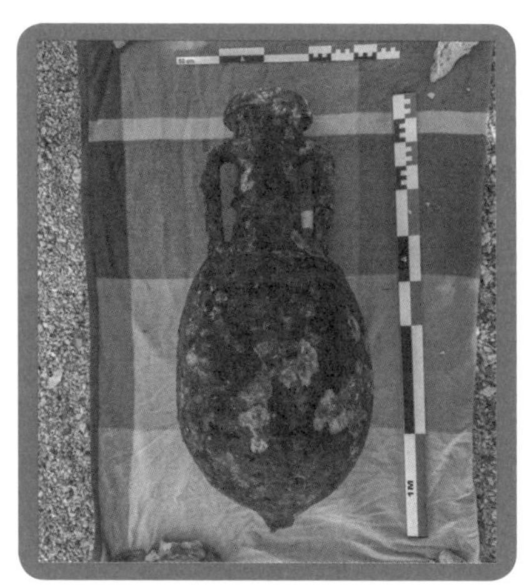

해저에서 인양한 암포라

라에 달라붙어 있는 해면 등의 해양 생물은 인양한 뒤 몇 시간 이내에 전문 도구로 깨끗이 제거한다. 또한 인양한 유물이 시간이 지남에 따라 어떻게 상태가 변하는지 상세히 기록하는 것도 보존처리 전문가의 중요한 업무다.

유물 보존처리나 복원 작업은 기본적으로 수개월에서 수년이 필요하다. 목재나 철제 유물은 수십 년 걸리는 경우도 다반사다. 그래서 수중 발굴로 유물을 인양해도 박물관에 바로 전시할 수 없다. 1628년에 스톡홀름항에서 침몰한 스웨덴 바사Vasa호는 1961년 선체 인양 후 전시까지 27년이나 걸렸다. 인양한 선체 전체에 목재의 세포 속을 채우고 있던 바닷물 대신 무독성 화학물질인 폴리에틸렌글리콜PEG을 녹인 수용액을 침투시켜 코팅을 완료하기까지는 이렇게 많은 시간이 필요하다.

참고로 인양한 암포라는 생물이 부패한 듯한 악취가 나고 문어가 모아 온 잡동사니로 가득 차 있다. 그래서 아무런 보존처리를 하지 않으면 지독한 냄새가 난다. 수백 년 이상 물속에서 곰치나 문어의 보금자리였을 테니 그럴 만도 하다. 암포라는 매우 중요한 유물이지만 개인적으로는 별로 좋아하지 않는다. 보양만 보면 유구한 역사를 느낄 수 있을 정도로 멋지지만, 실제로 보고 나면 암포라는 사진으로만 보는 게 좋다는 생각이 든다.

끊임없는 발견

꿈속에 있는 것처럼 즐거웠던 푸르니섬에서의 3주는 눈 깜짝할 사이에 지나갔다. 프로젝트팀은 고대와 중세 침몰선 여덟 척을 발견했다. 이로써 푸르니섬 주변에서 발견된 침몰선은 53척이 되었다. 그러나 여기서 끝이 아니었다. 이듬해인 2018년에 새로 다섯 척이 더 발견되었기 때문에 푸르니섬 주변에서 발견된 침몰선은 총 58척이 되었다. 나도 2018년에 일곱 척의 기록 작업을 끝냈다. 이로써 기록 작업을 끝낸 침몰선은 총 15척이 되었다.

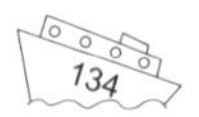

2018년을 끝으로 그리스 푸르니섬의 새로운 침몰선 수중 조사는 일단락되었다. 2021년 이후 재개되는 조사에서 다시 발굴 작업이 시작된다. 아직 바닷속에는 43척의 침몰선이 남아 있다. 이 침몰선들까지 모두 조사를 마칠 무렵에는 놀랄 만한 역사적 사실이 새롭게 밝혀질 것이다.

5장

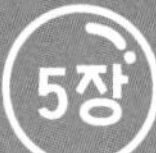

그곳에 배가 있다면, 더러운 강도 마다하지 않는다

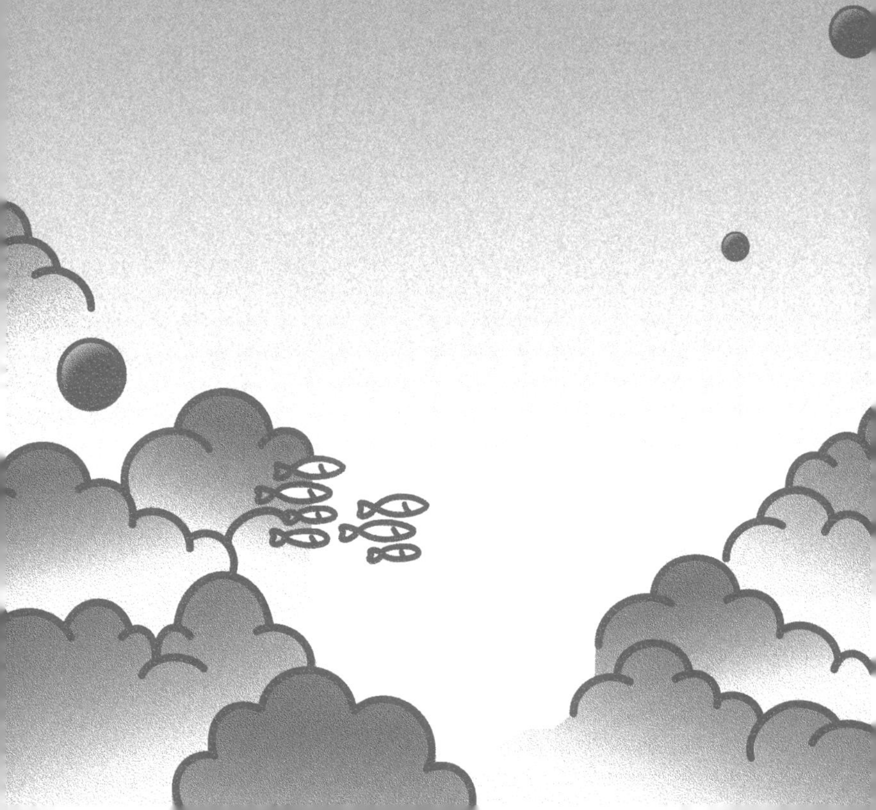

수중 고고학자의 활동 무대

오래전부터 강을 수로로 이용하여 내륙 지역과 교역했던 유럽 나라들과 미국에서는 하천에서 침몰선이 발견되는 경우가 많다.

미국은 19세기 증기선의 급속한 발전으로 하천을 연결한 거대한 교통 네트워크가 탄생했다. 뉴욕에서 허드슨강을 거슬러 올라가 캐나다의 몬트리올에서 오대호, 미시간주를 거쳐 뉴올리언스까지 갈 수 있었다. 미국의 독립전쟁과 남북전쟁을 논할 때 가장 중요한 연구 분야가 하천 침몰선 발굴 연구이기도 하다.

바다와 인접하지 않은 슬로베니아에도 수중 고고학자가 있다. 하천과 호수에서 고대와 중세 시대 침몰선이 발견되기 때문에 최근에는 그 지역 교역 역사의 중요한 자료로 수중 고고학이 주목받고 있다.

수중 고고학자는 역사적으로 중요한 침몰선이 발굴된다면 더러운 강에서도, 얼어붙은 호수에서도 잠수를 마다하지 않는다. 내가 처음 수중 발굴을 경험한 곳도 강이었다. 대학원 석사 과정을 밟고 있던 2011년, 이탈리아에서 고대 로마 시대의 배를 발굴하는 작업에 참여했다. 이탈리아 시골 마을의 냄새나는 강물 속으로 함께 떠나보자.

2,000년 전에 침몰한 스텔라 우노

2011년 초여름, 나는 이탈리아 북서부 베네치아 근교의 마르코폴로Marco Polo 국제공항에 도착했다. 공항까지 마중 나온 팀원의 차를 타고 동쪽으로 한 시간가량 떨어진 곳에 위치한 팔라촐로 델로 스텔라Palazzolo dello Stella로 향했다. 중세 느낌이 물씬 풍기는 아름다운 작은 마을이었다.

이번 침몰선 발굴 프로젝트는 이탈리아의 우디네대학교University of Udine와 텍사스A&M대학교가 공동으로 진행했다. 우리의 목적은 팔라촐로 델로 스텔라의 스텔라강에 잠긴 침몰선을 발굴하고 연구하는 것이었다. '스텔라 1(우노)'로 명명된 이 침몰선은 1981년에 발견되어 1998년과 1999년에 조사가 이루어졌다. 하지만 이 시기에는 화물 인양과 그 연구에만 집중했고, 침몰선

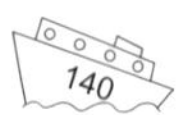

자체 발굴은 전혀 진행하지 않았다. 당시 조사 결과 스텔라 우노가 서기 1~25년경에 침몰한 배라는 사실이 밝혀졌다. 약 2,000년 전 침몰한 배라는 것이다. 2,000년 전! 상상조차 할 수 없는 세월이다.

이 프로젝트의 이탈리아 팀 리더 카풀리 교수는 이탈리아 북서부의 고대 로마 시대 육상 유적과 수중에 잠긴 다리 등을 연구하는 고고학자다. 이 프로젝트의 핵심인 '배'는 카풀리 교수의 전문 분야가 아니었기 때문에 카스트로 교수에게 도움을 요청하여 공동 발굴을 하게 되었다.

정말 더러운 강

이탈리아에 도착해서 둘째 날과 셋째 날은 수중 발굴 작업 준비와 한 달간의 공동생활에 필요한 일상용품과 식료품 등을 구매하느라 시간을 보냈다.

그리고 드디어 수중 발굴 작업이 시작되는 넷째 날이 되었다. 오전에 수중 발굴의 기본적인 작업 내용을 확인하고, 오후에 숙소에서 차로 20분 거리에 있는 스텔라강으로 향했다. 침몰선 발굴 현장은 부두에서 상류 쪽으로 200미터밖에 떨어지지 않은 곳이었다. 갑자기 심장이 쿵쾅거리기 시작했다.

'수중 발굴 첫 경험을 여기서 하는구나.'

그런데 현장을 보고 흠칫 놀라고 말았다.

'뭐야! 이 더러운 물은? 악취도 나잖아!'

너무도 더러운 강이었다. 강 표면에는 누리끼리한 색의 기포가 피어올라 있었고, 그 기포는 그대로 하류로 흐르고 있었다. 강의 투명도는 50센티미터 정도에 불과했다. 팔을 앞으로 뻗으면 손가락 끝이 보이지 않을 정도의 투명도다. 마치 묽은 된장국 같았다. 팔라촐로 델로 스텔라 외곽의 드넓은 밭에서 오수가 흘러들어오는 게 분명했다. 가축의 분뇨가 원료인 비료도 섞여 있는 것 같았다.

'그러니까 이런 악취가 나는 거겠지.'

강의 너비는 넓은 곳이 20미터 정도였고, 물살은 잔잔하지만 뭐라 말할 수 없이 더러웠다. 프로젝트가 끝날 무렵에는 팀원 중 네 명의 귀에 염증까지 생겼다. 또 발굴 조사 중에 쥐나 두더지로 보이는 동물의 사체가 둥둥 떠다니는 모습을 수차례 목격하기도 했다.

'정말 이런 곳에 잠수할 수 있을까?'

다시 말하지만 수중 고고학 프로젝트는 수질과는 무관하다. 그곳에 수중 유적이 있으면 뛰어들어야 한다. 지금은 더러운 곳도 거리낌 없이 뛰어들게 되었지만, 당시는 수중 고고학을 배우기 시

작했을 때여서 더러운 강에 발을 담그는 것조차도 상당히 큰 용기가 필요했다.

아플 정도로 차가운 강물

먼저 카풀리 교수가 잠수해서 침몰선의 위치를 확인하고 보트를 계류하기 위해 부표를 설치했다. 그 후 우리도 침몰선 현장으로 잠수했다. 순간 우리는 비명을 지르고 말았다.

'으앗!!!!!'

차다! 스텔라강은 이탈리아 북단 알프스산맥의 눈이 녹아 흐르는 물이다. 초여름이었지만 수온은 10도였다.

하지만 이탈리아 팀은 웻슈트로 충분하다고 했다. 머리와 손목 이외는 젖지 않아 보온성이 뛰어난 드라이슈트 대신 얇은 웻슈트를 입는 것이 이탈리아식 남자다움인가?

차가운 물 때문에 전신이 따끔거렸다. 특히 손끝과 발끝은 집게로 꼬집는 것처럼 아팠다. 단순히 차가운 게 아니라 통증이 느껴질 정도였다. 게다가 유속도 밖에서 보는 것보다 빨랐다! 정신을 바짝 차리지 않으면 휩쓸려갈 것만 같았다.

우리는 부표에서 강바닥으로 뻗어 있는 로프를 힘껏 잡고 잠수를 시작했다. 수면에서 1미터만 잠수해도 순식간에 투명도가 떨어졌다. 시야가 뿌옇게 흐렸다. 마치 설산에서 눈보라를 맞고 있는 듯했다. 좀 더 깊이 들어가니 눈앞이 누리끼리해지면서 몸이 뭔가에 부딪혔다. 강바닥까지 내려온 것이다. 수심은 5~6미터 정도였다. 투명도가 떨어져서 카풀리 교수가 설치한 로프가 어디로 이어져 있는지 보이지 않았다. 그저 침몰선 주위를 한 바퀴 감싸고 있을 거라고 생각했다. 물살에 휩쓸려가지 않도록 강바닥을 슬슬 기면서 로프 안쪽 부분을 확인해봤지만 안쪽에는 진흙이 쌓여 있을 뿐이었다. 아마 이 진흙 아래에 침몰선이 몸을 숨기고 있을 것이다.

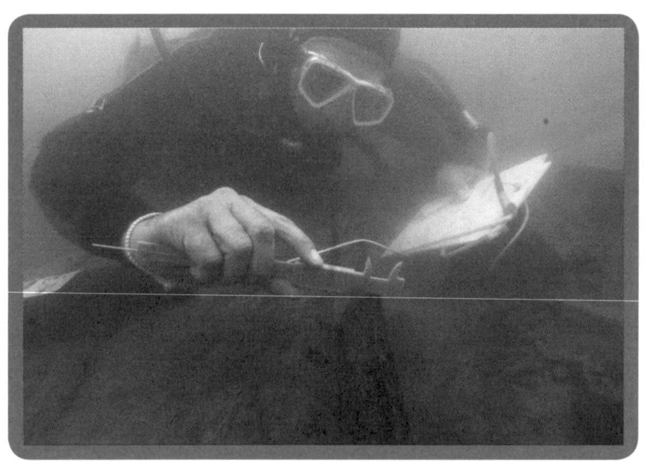

탁한 강바닥에서 배의 외판 두께를 재는 카스트로 교수

한차례 강바닥을 훑어본 우리는 수면 위로 올라갔다. 추위로 몸이 떨렸다. 선착장으로 돌아가 햇볕에 몸을 데웠다. 티셔츠 차림으로 거리를 돌아다니는 사람들이 모포를 둘둘 말고 있는 우리를 힐끔힐끔 쳐다봤다.

'발굴이라는 게 장난이 아니구나….'

새삼스러운 기분이 들었다.

물살을 이겨내라!

다음 날부터 본격적인 수중 발굴 작업을 시작했다. 이번 프로젝트는 배를 인양하지 않은 상태에서 노출된 선체 형태를 기록하고, 어떤 배인지와 어떻게 건조되었는지 조사하는 게 목적이었기 때문에 팀 전체가 선체 구조를 노출시키는 데 동원되었다. 먼저 수중 드렛지로 발굴을 진행했다.

발굴 팀은 네 명씩 두 개 조로 나뉘어 조별로 하루에 두 번씩 잠수했다. 스텔라강의 투명도는 보통 50센티미터였다. 일주일에 하루 정도 1미터로 투명도가 좋아지기도 했지만 일주일에 3~4일은 투명도가 거의 제로에 가까웠다.

강의 상류에 비가 내리는지 아닌지, 또는 오수가 유입되는지 아닌지에 따라 달랐다. 물론 바다에서 작업할 때도 투명도가 바뀌고는 했지만 강은 그 변화가 뚜렷했다. 우리가 머물고 있던 팔라촐로 델로 스텔라 주변은 맑은 날이 계속되었지만, 강 상류의 산간 지역은 비가 자주 내려서 일주일에 3분의 1은 작업이 불가능한 수준이었다.

무엇보다 우리를 힘들게 했던 것은 강의 물살이었다. 강물에 휩쓸려갈 것만 같은 몸을 어떻게든 지탱하려고 필사적으로 물길을 거슬러 헤엄치며 발굴과 기록 작업을 해야 했다.

그나마 스텔라강은 수심이 얕아서 잠수병 걱정은 없었기에 물속에서 한 시간 이상 작업을 이어갈 수 있었다. 하지만 그만큼 물살을 이겨내야 하는 시간도 길어서 작업이 끝나면 녹초가 됐다.

드디어 만난 고대 선박

프로젝트를 진행한 지 2주가 지나자 두껍게 쌓여 있던 퇴적물이 벗겨지고 서서히 침몰선의 모습이 드러나기 시작했다. 드디어 오랫동안 잠들어 있던 배를 맞이하는 순간이 찾아왔다. 앞서 잠수한 조가 '선체가 노출됐다'는 소식을 전한 것이다. 이제 내가 잠수할 차례였다. 심장이 터질 것처럼 뛰기 시작했다. 두근거리는 가슴을 진정시키며 물속으로 뛰어들었다.

물속은 여전히 투명도가 50센티미터밖에 되지 않았지만, 벌

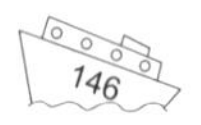

써 몇 번이고 잠수했던 터라 선체가 있는 곳까지 어렵지 않게 이동할 수 있었다. 탁한 물살을 헤치고 강바닥까지 접근해보니 눈앞에 배의 모습이 보였다. 내가 만나는 첫 번째 고대 선박이었다.

'우와! 배다!'

상상 이상으로 멋진 광경이었다. 가로 1미터, 세로 1미터 정도는 목재가 완전히 노출되어 있었다. 표면에는 나뭇결이 또렷이 보였다.

'보존 상태가 이렇게나 좋구나!'

얼핏 봐서는 어제 침몰한 배인지, 2,000년 전에 침몰한 배인지 구별하기 어려울 정도였다. 이는 스텔라강의 특수한 환경 덕분이었다.

1990년대에 진행한 두 번의 조사로 이 침몰선에서 발견된 화물 대부분은 고대 로마 시대의 기와라는 것이 밝혀졌다. 이 지역은 예로부터 도자기에 적합한 흙이 나오는 곳으로 유명했기 때문에 당시의 특산품이 기와였다는 것을 추측할 수 있었다.

도자기에 사용하는 흙은 입자가 고운 게 특징이다. 이런 흙이 쌓여 있는 스텔라강의 강바닥에 배가 묻혀 있으면 외부 공기와 완전히 차단되기 때문에 미생물이 살 수 없는 환경이 만들어진다. 덕분에 스텔라 우노가 어제 침몰한 것처럼 깨끗한 상태로 모습을 드러낼 수 있었던 것이다.

실눈을 뜨고 좀 더 주의 깊게 살펴보니 폭은 약 30센티미터, 두께는 약 3~4센티미터의 나무판이 늘어선 모습이 보였다. 외판은 배의 바깥쪽 목재다. 외판과 외판 사이의 이음매 부분은 식물 섬유가 뭉쳐져 부풀어 올라 있었다. 목재와 목재 사이로 물이 스며들지 않도록 틈을 메운 것이다. 이런 섬유 하나하나까지 완벽한 상태로 보존되어 있었다.

선체 안쪽에는 타르로 보이는 갈색 물질이 발려 있었다. 타르는 식물 섬유로도 막을 수 없는 누수를 차단하는 방수 역할을 한다. 선수 부분에서 선체 중앙부로 눈을 돌리니 선체를 보강하기 위한 프레임이 보였다. 프레임 아래는 외판과 외판 사이의 이음매에 따라 마감된 식물 섬유가 뭉치지 않도록 홈이 패어 있었다.

'앗!'

배를 만드는 과정이 역순이라면 이렇게 불규칙적으로 프레임의 하부를 깎는 일은 없다. 외판의 이음매에 맞춰 깎았기 때문에 홈이 불규칙적인 것이다. 이 배는 먼저 외판을 만들고 그 후에 프레임을 가공했다는 의미다. 내 심장이 다시 빠르게 쿵쾅거리기 시작했다.

'틀림없는 고대 선박의 선체 구조다!'

인류는 고대부터 배를 만들었다. 고대 이집트에서는 이동 수단으로 배를 활용했으며, 기원전 2,500년경에 이미 전체길이가 약

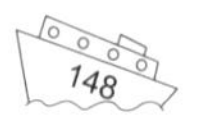

42미터인 쿠푸 왕의 배Khufu's Ship(통칭: 태양의 배)를 만들었다. 고대 선박은 모두 환목주에서 진화했다. 그래서 배를 만들 때 내부 프레임이 아니라 외판이 중시되었다. 이처럼 외판부터 제작하는 배를 셸 퍼스트 컨스트럭션shell first construction이라고 한다.

이후 지중해 주변국에서 외판 보강을 위한 프레임의 역할이 점점 중시되면서 서기 7세기부터 11세기 사이에 외판보다 프레임을 먼저 제작한 배가 나타났다. 먼저 프레임 골격부터 만들고 거기에 겉가죽처럼 외판을 장착하는 식이었다. 이런 공정을 통해 배 전체의 모습을 조정할 수 있게 되었다.

21세기인 지금도 목조선은 프레임부터 만들고 외판을 붙인다. 프레임을 먼저 만드는 배를 스켈레톤 퍼스트 컨스트럭션skeleton first construction이라고 한다. 컨스트럭션은 골격, 구조를 의미한다.

이런 차이는 지중해 지역의 모든 배에 적용되며 셸 퍼스트 컨스트럭션 배는 중세 시대 중기 이전에 만들어진 배, 스켈레톤 퍼스트 컨스트럭션 배는 중세 시대 중기 이후에 만들어진 배라고 생각하면 된다. 이는 선박 고고학자가 배가 건조된 시대를 판단하는 기준이기도 하다.

'진짜 고대 선박이구나!'

나는 물살을 헤치며 침몰선과 일정한 거리를 두고 눈에 새기

듯 자세히 관찰했다. 새것처럼 보여도 2,000년이나 강바닥에 묻혀 있던 목재는 카스텔라처럼 부드러운 상태다. 몸이나 장비가 닿아 망가트리지 않도록 조심해야 한다.

처음 보는 고대 선박을 눈앞에서 보고 있으니 열정이 부글부글 샘솟았다. 몇 년 동안 짝사랑하던 사람을 드디어 마주하는 기분이 이럴까? 그 정도로 감동적인 순간이었다.

물속에서의 측량 작업

침몰선이 자태를 드러내기 시작하자 수중 작업도 새로운 국면으로 접어들었다. 발굴로 노출된 스텔라 우노의 선체는 전체길이가 약 5미터, 최대 폭이 약 2미터였다. 카스트로 교수와 함께 침몰선을 측량하고 실측도를 작성하는 것이 남은 2주 동안 내가 해야 할 새로운 작업이었다.

그런데 50센티미터의 투명도에서는 상대방의 위치를 파악할 수 없었다. 오로지 손끝 감각에 집중해서 작업해야 했다. 나는 선미 부근에서 작업을 시작하고, 카스트로 교수는 선수 부근에서 작업을 시작했다. 그런데 무엇인가가 내 머리를 '쾅!' 하고 강타했다. 카스트로 교수의 발이었다. 흐릿한 강물 속으로 교수의 발이 갑자기 튀어나와 내 머리를 찬 것이다. 나중에 안 사실이지만 이

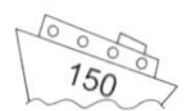

런 환경에서는 흔한 일이었다.

지금이야 포토그래메트리를 사용해서 수중 유적을 기록하지만, 당시에는 종이와 연필을 이용해 수작업으로 실측도를 제작하던 시절이었다.

물속에서 사용하는 종이는 반투명 플라스틱 합성지로, 플라스틱판에 테이프를 이용해 단단히 고정시킨다. 나무판은 놓쳤을 때 어디론가 떠내려가고, 금속판은 녹이 슬기 때문에 적당한 무게감이 있는 플라스틱판이 최적이다.

연필은 일반적인 흑연 연필과 다를 게 없다. 물속에서도 기능 차이가 없기 때문이다. 하지만 물속에서는 작은 글씨나 섬세한 스케치까지 바라서는 안 된다. 두꺼운 장갑을 끼고 있기도 하지만 무엇보다 추워서 손에 감각이 없다. 더욱이 물살을 견디면서 플라스틱에 고정된 종이에 무언가를 쓰는 일은 쉽지 않다. 그래서 수중 작업을 시작하기 전에 과거에 찍어둔 사진이나 작성 중인 실측도를 보고 측량이 필요한 부분을 미리 스케치해둔다.

그리고 측량 예정 부분을 A 기호로 구분하고 스케치 여백에 A-B, C-O와 같은 문자열을 기입한다. A-B는 A 지점과 B 지점 간의 거리라는 뜻이다. 그러면 물속에서는 A-B의 거리를 줄자로 재서 숫자만 쓰면 된다. 이런 이유로 수중 고고학자가 물속에서 측량하는 데이터는 기호와 숫자로만 이루어져 있는 경우가 많다.

물속에서 나오면 기호와 숫자를 곧장 수첩이나 노트에 옮겨 적어야 한다. 물속에서 쓴 글씨는 읽기 힘들기 때문에 기억날 때 기록해두는 게 좋다. 시간이 지나면 자신이 봐도 무슨 뜻인지 모를 정도로 글씨가 엉망이기 때문이다. 스텔라강처럼 추운 곳이라면 글씨가 더 엉망이다. 차가운 수온으로 신경이 마비되어 손가락에 감각이 없다. 작업을 시작하고 한 시간 정도 지나면 손가락이 움직이지 않는 지경이 된다. 이래서는 작업을 이어갈 수 없기 때문에 일단 종료한다.

아파트로 돌아오면 노트에 옮겨 적은 숫자를 보면서 모눈종이에 정확한 치수로 침몰선 선체를 그려 넣는다. 이 자료가 실측도 제작을 위한 초안이며, 연구용은 별도로 다시 깔끔하게 정리한다.

혹시 여러분이 수중 발굴 현장에 견학을 가서 맥락을 알 수 없는 알파벳과 숫자가 기괴하게 나열된 의문의 종이나 노트를 보더라도 놀라지 말자. 난수표나 암호가 아니라 그저 수중 고고학자가 수중 유적을 측량한 자료일 뿐이니 말이다.

희귀한 고대 선박으로 판명!

스텔라 우노는 학술적으로 가치가 높은 것으로 판명이 났다.

이 배는 봉합접합선縫合接合船이었던 것이다. 봉합접합선은 매우 희귀한 고대 선박으로, 배의 외판을 서로 봉합해 이어 붙여 만든다. 에게해를 중심으로 적어도 기원전 1,000년경부터 존재했고, 기원전 6세기경에는 지중해 전역으로 퍼진 그리스 문명권을 대표하는 방식으로 자리 잡았다.

그러다가 기원전 4세기경에 이르러 이집트와 페니키아 문명권에서 사용하던 장부 맞춤peg mortise and tenon 기법이라는, 한쪽

배의 외판을 봉합접합한 모습. 사진은 엑스-마르세유대학교Aix-Marseille Université가 복원한 고대 선박의 레플리카선

외판에 구멍을 뚫고 거기에 또 다른 외판을 끼워 넣어 고정하는 조선기술이 유행하면서 그 모습을 감췄다.

그런데 아드리아해 북부에서는 중세 전기 무렵까지 봉합접합 방식이 계속 사용되었다. 스텔라 우노도 그중에 하나였던 것이다.

스텔라 우노는 또 하나의 특징이 있다. 일반적인 봉합접합선과 달리 배의 바닥이 완전히 편평하고 마스트를 지탱하는 마스트 스텝도 보이지 않았다. 따라서 스텔라 우노는 돛으로 운항하지 않고 수심이 얕은 강이나 개펄에서 사용할 목적으로 만든 견인 운송용 배(바지선)로 추측된다. 이러한 특징들 때문에 선박 고고학회에서도 스텔라 우노는 아주 귀중한 사례가 되었다.

일찌감치 스텔라강처럼 유속이 빠르고 더러운 하천에서 해본 수중 발굴은 수중 고고학자로서 경력을 쌓는 데 매우 고마운 경험이었다. 아무리 투명도가 낮다고 해도 스텔라강에 비할 곳은 없었으니 말이다.

6장

침몰선 탐정, 카리브해에 잠든 배의 정체를 추리하다

친구와 함께 코스타리카로

내가 지금까지 경험해본 발굴 현장 중에 지중해 다음으로 많은 곳이 카리브해다. 카리브해에서 서양 배의 항해 역사는 15세기 말부터 시작된다. 1492년 콜럼버스가 아메리카 대륙을 발견한 후 유럽의 열강들은 카리브해에 앞다투어 진출했다. 그래서 침몰한 많은 서양 배가 발견된다.

2019년 10월 중순, 나는 크로아티아에서의 업무를 마치고 곧장 코스타리카로 향했다. 이번 여행은 수중 고고학자 친구인 마토코와 함께였다. 보통은 혼자 이동해서 그런지 누군가와 함께 비행기를 타려니 다소 묘한 기분이 들었다.

나와 크로아티아인 마토코는 2장에서 소개한 2012년 그날리체 침몰선 프로젝트에서 만났다. 당시 내가 카스트로 교수의 조수였던 것처럼 마토코도 로시 교수의 조수로 일하면서 석사 과정을 밟고 있는 대학원생이었다.

십대 중반부터 크로아티아의 다이빙센터에서 지도자로 일했던 마토코는 수준 높은 잠수 능력을 보이며 로시 교수의 오른팔로 활약했다. 2015년에는 텍사스A&M대학교로 유학을 왔기 때문에 연구실에서 매일 함께 지내는 사이였다. 다섯 살 어렸던 그는 나를 형처럼 잘 따랐다.

대학원을 졸업한 후에는 다섯 척의 바이킹선을 전시하는 것으로 유명한 덴마크의 바이킹선 박물관에서 일했다. 2019년에 해양조사 회사로 이직하면서 수중 고고학 부문 책임자가 되어 크로아티아로 돌아갔다. 참고로 그는 매우 잘생긴 외모로 과거에 크로아티아 잡지에서 '훈남' 4위로 뽑힌 적이 있다(1위부터 3위는 유명 배우였기 때문에 일반인 중에는 톱이다).

원숭이의 대합창과 밀림으로 둘러싸인 곳

마토코와 나는 코스타리카의 수도 산호세San José에 도착했다. 해발고도 1,200미터 정도의 산속이라 25도 정도로 비교적 살기 좋은 도시다. 하룻밤 지내고 난 후 렌터카로 다섯 시간이 걸리는 목적지인 카우이타Cahuita로 향했다.

카우이타는 코스타리카 남동부의 카리브해에 접해 있는 작은

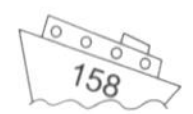

도시다. 도시 주변은 그림과 같은 열대 우림이 펼쳐진 카우이타 국립공원이 있으며 자연보호구역으로 지정되어 있다. 산악 지역인 산호세와는 비교할 수 없을 정도로 기온도 습도도 높다. 기온은 30도 정도, 습도는 70퍼센트 이상이다.

나와 마토코가 머무는 호텔도 국립공원 뒤쪽에 있었는데 주변에는 고함원숭이, 흰머리카푸친 등 다양한 종류의 야생 원숭이들이 살고 있었다. 한 마리가 울기 시작하면 곧바로 대합창이 시작돼 무지하게 시끄럽다. 아름다운 울음소리라면 시끄러워도 그나마 참을 수 있겠지만, 성질 나쁜 진상 손님이 목청껏 불만을 내뱉는 듯한 울음소리다. 이 소리가 호텔방 안에서도 크게 들렸다.

아침에는 원숭이들의 울음소리 때문에 잠에서 깰 정도였다. 게다가 지붕만 있고 뻥 뚫려 있는 호텔 라운지에는 다람쥐가 정신없이 뛰어다녔고, 시퍼렇고 화려한 형광색 맹독 개구리가 땅바닥에 느긋하게 자리 잡고 있었다. '아주 멀리까지 왔구나!' 실감할 수 있는 광경이다. 수중 고고학을 배우기 시작할 무렵에는 선박 연구를 위해 이런 밀림 속까지 와서 일할 줄은 상상조차 하지 못했다.

카우이타에 도착했을 때 마중 나온 사람은 이번 프로젝트의 리더이며 친구이기도 한 덴마크인 수중 고고학자 안드레아스였다. 그는 이 프로젝트를 위해서 반년 전부터 가족과 함께 1년 예정으로 와 있었다.

안드레아스는 마토코가 바이킹선 박물관에 있을 때 함께 일했던 상사로 사이가 좋았다. 안드레아스와 나는 두 사람이 2017년에 박물관 전시를 배우기 위해 일본에 왔을 때 어울리며 친해졌다. 이후 우리 세 명은 국제학회에 함께 참석하는 등 핑곗거리만 생기면 붙어 다녔다. '언젠가 우리 셋이서 프로젝트를 만들어 자유롭게 연구하자'며 의기투합하기도 했다. 이제 바로 그 기회가 온 것이다. 분명 멋진 발굴 현장이 될 것이라고 믿었다.

이번 프로젝트의 조사 대상은 바다거북이 살고 있는 아름다운 해변이 펼쳐진 카우이타 국립공원 연안의 수심 3~5미터와 11~14미터 지점에 한 척씩 가라앉아 있는 침몰선이다. 각각의 지점을 캐논 사이트Cannon Site(대포 유적)와 브릭 사이트Brick Site(벽돌 유적)라고 불렀다. 현지에서는 해적선이라는 출처를 알 수 없는 소문이 돌았다.

원래는 미국의 연구기관이 2015~2018년에 현지 조사를 위해 왔었지만, 코스타리카 연구자를 비롯해 현지 커뮤니티와 신뢰 관계를 원만히 쌓지 못해 쫓겨났다. 안드레아스는 2018년 조사에 참여했다가 미국이 철수한 후에도 코스타리카 연구자들과 함께 공동 연구를 이어갔다.

미국 연구기관이 4년간 조사를 통해 알게 된 사실은 두 가지

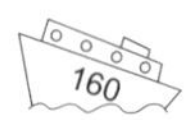

였다. 첫 번째는 배의 화물로 추정되는 벽돌이 17세기부터 18세기에 걸쳐 유럽에서 사용되었을 가능성이 높다는 것. 두 번째는 덴마크에 남아 있는 역사 자료에 따르면, 1710년에 카리브해 연안(코스타리카 인근의 니카라과)에서 두 척의 덴마크 배가 침몰했다는 것.

하지만 15세기 말 콜롬버스가 아메리카 대륙을 발견한 이후 카리브해 연안에서는 서양 범선의 해난 사고가 자주 일어났다. 그렇기에 이 두 가지 사실만으로 침몰선의 정체를 정확하게 파악할 수는 없었다.

카리브해에 잠든 침몰선 두 척

여기서는 카우이타만에 잠들어 있는 침몰선으로 추정되는 크리스처니스 퀸투스Christianus Quintus호와 프리데리커스 쿼터스Fredericus Quartus호에 대해 소개하겠다.

덴마크의 노예 운송선이던 이 두 척의 배는 1708년에 각각 24문의 대포와 60명의 선원을 태우고 코펜하겐에서 아프리카 서해안을 향해 출항했다. 당시 배에는 카리브해 동부의 덴마크 식민지였던 세인트토머스섬Saint Thomas Island(지금은 미국령인 버진제도)에서 사용할 건축 자재가 많이 실려 있었다. 그중에는 벽돌도 포함되어 있었다.

아프리카 서해안에서 노예를 실은 두 척의 배는 세인트토머스섬을 향해 항해를 시작했다. 그런데 강한 무역풍과 태풍을 만나 항로가 남쪽으로 틀어지면서 세인트토머스섬을 크게 벗어나고 만다. 여기서 세인트토머스섬으로 되돌아가기는 불가능하다고 판단한 두 배는 진행 방향에 있던 파나마로 가기로 한다. 당시 파나마에는 스페인이 정비한 포르토벨로Portobelo 항구가 있었다.

그러나 파나마로 가는 항로를 따라가던 도중에 다시 거친 태풍을 만나 중앙아메리카 동해안 남쪽 어딘가에서 표류하다가 배는 파손되고 식량마저 바닥나고 만다. 이들은 노예들을 풀어주고 선원들은 근처에 정박 중이던 서양 배로 파나마까지 이동한다는 조치를 내렸다.

선원들이 두 노예선을 떠날 때 프리데리커스 쿼터스호는 '불을 내서 침몰'시켰고, 크리스처니스 퀸투스호는 '닻줄을 절단해서 좌초시켰다'는 기록이 남아 있다. 장소는 선원들의 기록에 따르면, '코스타리카의 북쪽 니카라과 근처'라고 한다. 그래서 코스타리카의 브릭 사이트와 캐논 사이트는 최근 역사 조사가 이뤄지기 전까지 크리스처니스 퀸투스호와 프리데리커스 쿼터스호의 침몰 지점 후보에 들지 못했다. 하지만 기록에 남아 있는 화물 등을 근거로 후보에 오른 것이다.

과연 카우이타만에 있는 두 척의 침몰선이 1710년에 침몰한

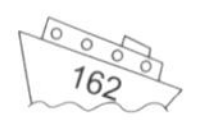

덴마크의 노예선일까? 보통은 침몰선의 선적(배의 국적)이나 배에 실린 대포 표면에 있는 국가나 제조회사의 문양, 상세한 모습의 특징이 힌트가 된다. 하지만 캐논 사이트의 대포는 전해부식이 심해 더 이상 대포라고도 볼 수 없는 상태가 되어 있었다. 이래서는 제조 연도나 표면에 새겨진 정보를 확인할 길이 없다.

원래대로라면 대포를 인양해서 콘크리트화된 표면을 긁어내고, 전류를 이용한 환원법과 부식으로 생긴 공간에 수지 등을 주입하여 형태를 만드는 과정을 거쳐 대포 표면의 데이터를 복원한다. 하지만 이 작업을 하기 위해서는 보존처리 전문 지식과 연구소가 필요한데, 코스타리카 국내에서는 정부의 허가, 자금, 설비 등 모든 면에서 진행하기 어려웠다. 결국 대포로는 배의 국적과 연대를 알아낼 수 없었다.

보다 간단하고 확실한 방법이 있기는 하다. 브릭 사이트에서 벽돌을 인양해 덴마크의 연구기관으로 보내서 벽돌 제조에 사용된 모래의 화학 구성을 조사하여 덴마크산인지 알아보는 것이다. 하지만 이 방법도 수년 전부터 코스타리카의 현지 커뮤니티나 연구자들이 정부에 허가를 요청했지만 그때까지 감감무소식이었다.

이 두 척의 침몰선은 국립공원 부지 내에 있었기 때문에 산호나 해양 생물에 미칠 영향을 염려하는 코스타리카 정부가 수중 발굴을 허가하지 않고 있는 것이다. 미국의 연구기관도 현장에서

캐논 사이트의 대포. 얼핏 봐서는 돌덩이로 보인다

는 해저 표면의 분포 조사밖에 할 수 없었다. 우리 프로젝트팀도 포토그래메트리 작업 허가는 받았지만 발굴 허가는 받지 못했다.

수중 유적 발굴 조사에 대한 전례가 없던 코스타리카 정부의 입장에서 보면, 자연 환경 보존이 목적인 국립공원 내의 '발굴'을 허가할 수 없다는 방침이 어쩌면 당연한지도 모른다. 코스타리카 정부는 이 두 척의 침몰선이 역사적으로 중요한 문화유산이라는 증거가 없는 한 움직이지 않을 것이다. 하지만 정부의 허가 없이는 두 침몰선이 코스타리카인에게 중요한 문화유산인지 증명할 길도 없다. 이런 입장 차이가 몇 년 동안이나 진전 없이 이어지고 있었다.

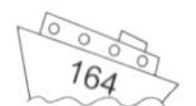

노예선은 불굴의 강인함을 상징한다

이번 프로젝트를 의뢰받고 다소 의문이 생겼다.

'아프리카계 혼혈도 많은 코스타리카 사람들이 과연 이 침몰선의 발굴을 찬성하는 걸까?'

이 두 침몰선이 정말로 덴마크의 배라면 삼각무역 운송선이라는 의미다. 유럽에서 아프리카 서해안으로 진출하여 많은 아프리카인 노예를 아메리카 대륙으로 끌고 온 악명 높은 노예선인 것이다. 자신들의 선조가 굴욕적인 취급을 당했던 역사의 증거를 캐는 일에 이토록 열심일 수 있을까? 이들은 입을 모아 이렇게 말했다.

"노예선은 '불굴의 강인함'을 상징해요."

16~18세기경에는 아프리카 대륙에서 아메리카 대륙까지 배로 한 달에서 두 달가량 걸렸다. 노예선은 사람이 아닌 화물로 취급하던 아프리카 노예에게 족쇄를 채우고 사슬로 연결해 그야말로 꽉꽉 눌러 담아 실었다. 이렇게 비참한 환경과 열악한 위생 상태로 아프리카 노예의 15~30퍼센트는 항해 중에 목숨을 잃었다.

외면하고 싶은 역사일 수도 있지만 아프리카계 선조가 많은 코스타리카인에게 아프리카 노예는 혹독한 환경을 이겨낸 강인한 인간인 것이다. 게다가 1710년 조난 사고는 노예들이 배에서 해방된 후 험난한 코스타리카의 열대 우림에서 살아남는 기적을 일궈냈다. 코스타리카 남동부에 아프리카계 주민이 많은 이유이기도 하다.

이처럼 코스타리카 사람들은 이번 침몰선 유적 조사를 자신들의 뿌리에 대한 연구로 주목하고 있었다.

두 척이 잠든 현장으로

드디어 두 척의 침몰선 유적 조사가 시작되었다. 짐볼선 유적까지는 카우이타 외곽의 선착장에서 겨우 15분이면 도착했다. 브릭 사이트의 해저에는 이름대로 벽돌이 가로 약 15미터, 세로 10미터 범위에 집중 분포되어 있었고, 망가진 대포 2문을 확인할 수 있었다. 수심은 11~14미터 정도였다.

해저를 유심히 보니 모래 바닥에서 벽돌의 일부가 노출된 장소가 두 곳이 있었다. 두 곳 다 가로 50센티미터, 세로 50센티미터 정도다. 모래를 걷어내면 벽돌이 어떤 식으로 묻혀 있는지 알 수 있다고 생각했다. 하지만 선원들이 남긴 자료에서 '선원들을 내려준 후 닻줄을 절단해서 좌초시켰다'고 언급한 닻은 주변에서 발견할 수 없었다.

여기서 해안선을 따라 서쪽으로 800미터 정도 이동한 지점에 캐논 사이트가 있었다. 이쪽은 수심이 3~5미터 정도였고, 적어도

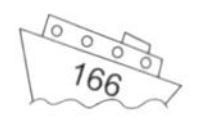

14문의 대포가 가로 15미터, 세로 15미터 범위에 흩어져 있는 것을 확인했다. 대포는 다양한 방향으로 제각기 누워 있었고 배의 방향이나 크기를 추측할 수 없었다.

캐논 사이트의 해저는 돌덩이들로 이루어져 있고 그 위로 산호가 자라고 있었다. 이런 환경이라면 선체에 사용된 목재는 파도로 부서지고 배좀벌레조개의 먹이가 되어 갉아먹혔을 거라고 추측했다.

다만 캐논 사이트에서 50미터 정도 떨어진 곳의 수심 2미터 지점에서 닻을 발견할 수 있었다. 이 닻은 전체길이가 적어도 1.5미터는 됨직했다. 이것이 자료에 기록되어 있던 닻이 맞을까?

조급해 말고 진득하게 기다리기

침몰선 유적이 위치한 두 곳의 투명도는 낮았다. 건기에는 20미터 이상일 때도 있다지만 우리가 현장을 방문한 첫날은 2미터 정도였다. 침몰선 유적이 있는 카우이타만 근처에는 하구가 몇 개 있는데, 비가 내리면 강에서 오수가 유입되기 때문에 투명도가 현저히 떨어졌던 것이다.

더욱이 우리가 방문한 11월 초순은 보통 건기에서 우기로 변하기 시작하는 시기지만, 운이 나빴던지 2019년은 예년보다 조금

일찍 비가 내리기 시작했다. 이래서는 작업을 진행하기 힘들었다. 투명도가 확보될 때까지 진득하게 기다리는 수밖에 없었다. 기다리는 동안 코스타리카 연구자들의 안내로 동네를 구경하며 즐겁게 보낼 수 있었다. 코스타리카는 나무늘보 보호에도 힘을 쓰고 있었는데 새끼가 너무 귀여워서 푹 빠지고 말았다.

그런데 마토코가 크로아티아에서 하던 일을 재개하기 위해 코스타리카를 떠나야 했다. 모처럼 셋이서 연구를 진행할 수 있었는데 너무 아쉬웠다. 마토코도 "아직 돌아가고 싶지 않은데…"라며 섭섭함을 감추지 않았다. 결국 나와 안드레아스 둘이서 투명도가 회복될 때까지 무작정 기다렸다.

일주일 뒤에 기회가 왔다. 며칠간 맑은 날이 이어져 드디어 투명도가 개선된 것이다. 그렇다고 해도 투명도는 1.5미터 정도로 바람이 거칠고 파도도 높았다. 하지만 나도 며칠 뒤에 귀국해야 하는 상황이라 이 기회를 반드시 잡아야 했다. 수심이 얕은 캐논 사이트는 파도가 높아 접근하기 힘들었기 때문에 이번에는 수심이 깊고 파도도 잔잔한 브릭 사이트 쪽 작업에 집중하기로 했다.

해저에서는 길을 잃지 마라!

투명도가 낮을 때는 '자신이 지금 어디에 있는지 확실히 파악

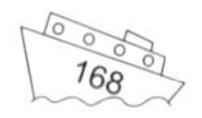

하는 일'이 무엇보다 중요하다. 투명도가 낮아 시야를 확보할 수 없는 장소에서는 대상물에 근접해서 촬영해야 한다. 근접 촬영 자체는 그렇게 어려운 일이 아니다. 투명도가 50센티미터라면 30센티미터까지 다가가서 사진을 찍으면 된다.

하지만 촬영 한 번에 담을 수 있는 범위가 좁다. 그래서 어느 곳도 빠뜨리지 않고 완벽한 침몰선 유적의 디지털 3D 모델을 작성하려면 투명도가 높은 장소보다 더 주의해야 한다. 또한 정확하고 철저히 계획을 세워 경로대로 헤엄치며 이동해야 한다. 하지만 투명도가 나쁜 곳에서 수영하며 자신의 위치를 파악하는 일은 그리 간단하지 않다. 마치 안내판도 없고 장해물도 없는 안개 자욱한 초원을 걷는 것과 같다. 이런 상황에서 사람의 방향 감각은 믿을 게 못 된다.

게다가 이번 브릭 사이트는 미발굴 유적이다. 얼핏 봐서는 약간 구릉지 같은 해저로 밖에 보이지 않는다. 촬영 예정인 가로 20미터, 세로 15미터 범위를 둘러봤지만 표식이 될 만한 것을 찾지 못했다. 하지만 스텔라 우노 침몰선처럼 낮은 투명도에서 진행했던 작업 경험과 위치 감각에 의지해서 유적 전체를 돌며 포토그래메트리용 사진을 촬영할 수 있었다.

현지 주민들의 이야기에 따르면, 옛날에는 브릭 사이트의 벽돌이 벽처럼 잘 세워진 상태로 해저에 쌓여 있었다고 한다. 그런데 강한 태풍이 카우이타만을 통과하면서 그 벽돌 벽이 무너져버렸다는 것이다. 나는 완성된 브릭 사이트의 디지털 3D 모델을 보고 깜짝 놀랐다. 해저에 쌓여 있는 형태와 노출된 벽돌의 모습을 보고 틀림없이 침몰 당시 배에 실려 있던 상태 그대로 가라앉아 있다는 확신이 들었다. 차곡차곡 잘 세워 올린 레고 블록과 같은 상태였다. 현장을 봤을 때 '해저에 벽돌이 더 묻혀 있을 것 같다'고 생각했지만 이 정도로 완벽하게 남아 있을 줄은 몰랐다.

배가 침몰할 당시 풍랑으로 선체가 비교적 천천히 바닷물에 잠기면서 똑바로 가라앉았고, 이후 태풍 등으로 운반된 모래에 뒤덮인 게 아닐까 추측했다. 벽돌 벽이 여전히 그 자리에 잠들어 있

브릭 사이트에서 발견한 벽돌

었던 것이다. 이런 사실은 시사하는 바가 크다. 모래로 된 해저에서는 화물이 무거우면 무거울수록 그 아래의 선체가 모래에 눌려 무산소 상태가 되면서 목재가 보존된다. 이 벽돌 아래에 선체의 목재가 보존되어 있을 가능성이 매우 높다!

그렇다면 수온이 높아 목재를 갉아먹는 배좀벌레조개 같은 해양 생물의 활동이 활발한 카리브해의 침몰선 유적에서는 흔치 않은 사례다. 수심이 11~14미터로 지나치게 얕지 않아 발굴 작업도 수월한 편이다. 연구가치가 매우 높은 침몰선이라는 생각이 들었다.

침몰선 탐정이 나설 차례

지금까지 많은 침몰선 유적에서 수중 조사를 경험해본 나는 동료 수중 고고학자들로부터 침몰선 유적을 살펴봐 달라는 부탁을 받는 횟수가 늘고 있다. 텍사스A&M대학교에서 여러 시대의 배 구조를 배우고 침몰선 복원 재구축 강의를 도우면서 다양한 침몰선의 선형도船型圖를 익힌 덕분이다. 뿐만 아니라 대학원 졸업 후에는 세계 각지에서 52척에 이르는 침몰선 학술 조사에 참가했다. 물론 숫자가 많다고 다 좋은 것은 아니지만 조사에 참가하는 횟수가 늘면서 유적 현장을 보면 배가 어떻게 해저로 가라앉고 묻혔는지 추리할 수 있게 되었다. 코스타리카에서도 선박 고고학자로서의 실력을 보여줄 때가 된 것이다.

프로젝트 마지막 날, 이번 조사의 성과를 현지 연구자와 학생들에게 보고하기 위해 카우이타만 인근에 살고 있는 코스타리카 팀원의 자택에 모였다. 다른 사람들은 흩어져 있는 벽돌의 디지털 3D 모델을 보고 싶다는 정도의 호기심이었는지 몰라도 나는 이 두 척의 침몰선 유적을 직접 눈으로 봤을 때부터 한 가지 가설을 세워두고 있었다. 그래서 이 자리를 빌려 그 가설을 이야기하기로 했다.

편안한 분위기에서 두 침몰선 유적에 대한 설명을 시작했다. 덴마크에 남아 있는 역사 기록에 따르면, 크리스처니스 퀸투스호와 프리데리커스 쿼터스호에는 각각 24문의 대포가 실려 있었다. 하지만 브릭 사이트에는 2문, 캐논 사이트에는 많아야 14문의 대포밖에 보이지 않았다. 침몰선 유적에서 알아낸 사실과 역사 기록이 맞지 않는다.

그래서 이전에 카우이타만에서 조사를 수행했던 미국인 수중 고고학자들 사이에서는 이 두 침몰선 유적은 한 척의 소형 범선 유적으로, 침몰할 때 갑판이 붕괴되어 선저부만 브릭 사이트에 남고 갑판보다 윗부분은 지금의 캐논 사이트로 흘러가서 가라앉았다는 가설을 세우기도 했다.

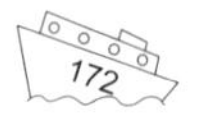

하지만 있을 수 없는 일이다. 목조선은 프레임이 갈비뼈와 같은 역할을 하면서 배 전체의 형태를 유지한다. 그래서 우현과 좌현 사이로 선체가 쪼개지는 일은 있어도 선체의 상부와 하부에 균열이 생겨 산산조각이 나는 일은 거의 없다.

그리고 배라는 구조물은 선체 내부가 비어 있기 때문에 안쪽 공기와 바깥쪽 물의 중량 차이로 인한 부력으로 대포 같은 무거운 물건도 운송할 수 있다. 그런데 만약 배가 상하로 쪼개져서 선체의 상부만 뗏목처럼 떠 있는 상태라면 어떨까? 무거운 대포를 14문이나 실은 채 800미터나 이동할 수 없다. 그 자리에서 바로 가라앉고 만다. 카우이타만 두 군데에 있는 침몰선 유적은 틀림없이 두 척의 배다.

그럼 왜 대포와 닻의 수가 자료에 기록된 숫자보다 적은 것일까? 해저에 잠긴 대포와 닻을 누군가가 인양했기 때문이다. 당시 유럽에서 아메리카 대륙으로 운반되는 화물은 매우 중요한 것들이었다. 대포나 닻도 마찬가지다. 침몰 후 시간이 얼마 지나지 않았다면 가까운 해변으로 대량의 목재가 밀려들어 오거나, 마스트 등 선체의 일부가 가라앉지 않고 수면에 떠 있어 다른 배를 이용해 침몰선을 찾기 쉬웠을 것이다. 두 척의 배가 침몰한 후 몇 주 이내에 침몰선에 남아 있던 화물을 노린 다른 유럽 나라의 범선이 인양 작업을 했을 수도 있다는 이야기다.

크리스처니스 퀸투스호와 프리데리커스 쿼터스호에 타고 있던 덴마크인 선원들은 조난 지점 근처에서 다른 나라의 배로 옮겨 타고 파나마로 이동하여 거기서 다시 세인트토머스섬으로 향했을 것이다. 아마도 두 척의 침몰선 위치는 덴마크인 선원이나 이 두 척의 배에서 풀려난 노예에 의해 유럽 각 나라로 흘러들어간 게 틀림없다. 또한 그 시기에는 화물을 가로채기 위한 인양 작업이 많았기 때문에 덴마크인 선원들은 배를 일부러 파괴한 후 자리를 뜬 것이다.

당시 대포 한 문의 중량은 족히 1톤이 넘었다. 잠수가 가능한 선원이 직접 바닷속으로 들어가거나 배의 갑판에서 밧줄로 직접 당기는 방법으로는 대포를 인양할 수 없다.

그럼 서양 범선은 바닷속에 잠긴 대포나 무거운 화물을 어떻게 끌어올려 실었을까? 범선이 갖추고 있던 장비를 모두 동원해 활용하면 인양하지 못할 것도 없다. 배에는 돛을 거는 길다란 봉인 야드가 있는데, 돛의 상부를 야드에 걸어서 돛을 펼친다. 돛을 사용하지 않을 때는 접어서 밧줄로 야드에 묶어둔다. 항해 중에는 선원이 바람 방향을 읽으며 야드를 조정해서 돛의 방향을 변경시킨다.

이 야드 끝에 도르래를 걸면 어떻게 될까? 배 자체가 크레인차가 된다. 해저에서 대포를 인양할 때는 바다 쪽으로 야드를 조

정해서 밧줄을 바닷속으로 내리고 대포에 묶은 후 갑판의 선원들이 도르래를 당긴다. 도르래를 이용하면 화물의 무게는 절반으로 줄어들기 때문에 대포를 끌어올리는 것도 가능하다. 서양 범선을 침몰선 유적 위로 이동시킨 후 이런 장비를 이용하면 화물을 인양할 수 있다.

그런데 한 가지 문제가 있다. 해저의 대포나 닻을 인양하기 위한 서양 범선은 어느 정도 크기가 커야 하므로 수심이 얕은 곳은 접근할 수 없다는 것이다. 이런 점을 고려하면 브릭 사이트는 수심이 10미터 이상이므로 당시 범선으로도 충분히 접근할 수 있다. 따라서 브릭 사이트에서 대부분의 대포와 닻을 가져갈 수 있었다는 추측이 타당하다. 반면에 캐논 사이트에 남겨진 14문의 대포는 모두 수심 5미터 이내의 얕은 곳에서 발견되었다. 수심 5미터보다 깊은 곳에 잠겨 있던 대포는 모두 인양해서 가져갔다는 의미다. 이것으로 해저에 남아 있는 대포의 수가 적은 이유를 설명할 수 있다.

남은 수수께끼는 캐논 사이트에서 50미터 떨어진 지점에 남아 있던 전체길이 1.5미터의 닻이다. 이 지점의 수심은 2미터밖에 되지 않는다. 이 정도 크기의 닻을 실을 수 있는 범선이라면 수심이 너무 얕아서 좌초할 위험이 있기 때문에 접근하기 힘들다. 배의 누군가가 일부러 소형 배에 실어서 닻을 운반했다는 말이다.

야드를 이용한 인양 작업

❷
도르래를
이용해
끌어올린다.
❶ 대포를 바닷속에서 밧줄로
묶어 도르래 고리에 건다.

❸ 야드를 회전시켜 대포를 갑판
쪽으로 옮긴 뒤 내린다.

당시 범선은 일반적으로 네 개의 대형 닻을 장착하고 있었다. 적어도 두 개는 반드시 필요했다. 닻은 자동차의 브레이크에 해당하기 때문에 닻이 없는 배는 생각할 수 없다. 배를 그 자리에 세워둘 때는 주로 두 개의 닻을 사용한다. 배의 선수 우현과 좌현에서 닻을 내리고 닻줄을 당겨서 팽팽하게 고정시키면 배를 두 개의 닻 중앙 지점에 정박시킬 수 있다. 그런데 닻이 하나밖에 발견되지 않았다. 발견된 닻과 해저에 남아 있는 대포의 위치로 선체가 있던 곳을 추측해보면, 나머지 한 개의 닻은 먼바다 쪽으로 내렸을 가능성이 컸지만 그곳에는 없었다.

여기서 크리스처니스 퀸투스호의 역사 자료를 떠올려보자. '선원들을 내려준 후 닻줄을 절단해서 좌초시켰다'고 되어 있다. 선원들이 바다로 뛰어내린 게 아니다. 사소한 말처럼 보이지만 매우 중요한 대목이다. 18세기 당시 유럽에서는 범선의 선원이라고 해도 수영을 잘하는 사람이 적었다는 시대적 배경을 고려해야 한다. 학교에서 수영을 가르치지 않던 시대였다. 선원들을 바다로 뛰어내리게 한 후 해안까지 헤엄치도록 했다고는 생각하기 어렵다. 아마도 작은 배로 옮겨 태웠다는 의미일 것이다.

선원들이 모두 대피한 후에 정박하고 있던 범선을 확실히 좌초시키려면 어떻게 해야 할까? 먼바다 쪽으로 내린 닻의 줄을 절단하면 된다. 해안에서 가까운 쪽에 내린 닻의 줄을 절단하면 배는 수심이 깊고 장애물이 적은 먼바다 방향으로 흘러가서 웬만해서는 좌초될 가능성이 줄어든다. 단시간 내에 확실히 좌초시키려면 먼바다 쪽으로 내린 닻의 줄을 잘라야 한다. 이렇게 하면 배가 수심이 얕은 쪽으로 이동하여 결국 좌초되고 만다. 부자연스럽게 해안에서 가까운 쪽에 닻을 내린 이유가 배를 의도적으로 좌초시키기 위함이었다면 크리스처니스 퀸투스호의 역사 자료와 완전히 일치한다.

결국 이 두 척의 침몰선이 1710년에 가라앉은 덴마크 노예선인 크리스처니스 퀸투스호와 프리데리커스 쿼터스호일 가능성이 매우 높다.

침몰선의 정체, 밝혀지다!

내 설명을 듣고 있던 코스타리카 사람들은 처음에는 하나같이 놀라는 표정을 지은 채 아무런 동요가 없었다. 하지만 그 후 조금씩 그들의 눈이 반짝이기 시작하는 것을 느낄 수 있었다.

나는 브릭 사이트의 디지털 3D 모델을 보여주며 말했다.

"아마도 화물이었던 벽돌은 여전히 사람들의 손을 타지 않은 채 묻혀 있을 겁니다. 그 벽돌 아래에는 카리브해에서는 드물게 보존 상태가 좋은 선체 목재도 남아 있을 거라고 생각해요!"

사람들은 모든 설명을 들은 뒤 내게 흐뭇한 미소를 보냈다.

다음 날 나는 안드레아스와 코스타리카 연구자들에게 '반드시 돌아오겠다'는 약속을 하고 귀국길에 올랐다. 며칠이 지난 후 안드레아스에게 연락이 왔다. 이번 우리의 조사 결과를 본 코스타리카 문화청도 두 척의 침몰선이 크리스처니스 퀸투스호와 프리데리커스 쿼터스호일 가능성이 높다는 사실을 받아들였고, 인양한 벽돌을 덴마크 연구기관으로 보내는 것을 허가했다고 한다.

그리고 반년 후인 2020년 봄에 벽돌의 화학분석 결과가 나왔다. 벽돌은 틀림없는 덴마크산이었다. 이로써 카우이타만의 침몰선 두 척은 1710년에 침몰한 덴마크의 노예선인 크리스처니스 퀸투스호와 프리데리커스 쿼터스호임이 증명되었다.

오랫동안 해적선으로 소문나 있던 두 척의 침몰선이 코스타리카 사람들의 뿌리를 이야기할 때 반드시 언급해야 할 귀중한 배라는 사실이 밝혀진 것이다.

바하마에서 콜럼버스 선단의 그림자를 찾아라!

나쁜 예감

그곳은 놀라움을 금치 못할 정도로 아름다웠다. 휴지 조각 하나 떨어져 있지 않은 순백의 해변과 눈앞에 펼쳐진 에메랄드빛 바다. 할리우드 영화에서도 이처럼 아름다운 곳은 본 적이 없다. 코스타리카의 밀림과는 정반대 풍경을 보여주는 바하마의 리조트 하이본케이Highborne Cay섬이 이번에 이야기할 발굴 현장이다.

바하마는 쿠바의 동쪽과 미국의 플로리다주를 남북으로 연결하듯 이어진 섬들로 이루어진 나라이며, 카리브해의 출입구이기도 하다. 여름이면 많은 미국인이 휴가를 즐기러 찾아온다.

수도인 나소Nassau가 있는 뉴프로비던스New Providence섬에는 미국 자본의 대형 리조트 호텔이 즐비하게 들어서 있어 흡사 거대 테마파크 같다. 이 뉴프로비던스섬에서 60킬로미터 정도 떨어진 곳에 하이본케이섬이 있다.

1965년에 이 섬 연안에서 레저 다이버가 대항해 시대 초기의 스페인 침몰선을 발견했다. 하지만 발견 직후 트레저 헌터들이 많은 유물을 도굴했다. 그 후 20여 년이 흐르면서 침몰선의 존재가 잊혔지만, 1983년에 텍사스A&M대학교 팀이 단 일주일 동안 현지 조사를 진행했다. 이때는 선체 조사가 충분하지 않았지만 총과 소형 대포가 발견되어 침몰선이 16세기 초기의 배라는 사실이 밝혀졌다. 콜럼버스의 첫 항해 이후 발견된 침몰선 중에서도 상당히 초기의 배다.

이번 조사 목적은 선체 전체를 발굴하고 해저에 묻혀 있는 침몰선의 구조를 밝히는 것이었다. 내가 나소에 도착한 때는 2017년 7월 말이었다. 다른 팀원들은 한 달 전에 현지로 들어와 수중 발굴을 시작했는데, 나는 괌대학교University of Guam 수중 고고학 필드스쿨의 강사로 초빙되었던 터라 합류가 늦었다.

하이본케이섬 프로젝트의 리더인 닉은 나의 대학원 후배다. 그가 박사 논문 주제로 이 침몰선 조사를 이끌고 있었다. 오랜만에 대학원 시절 지인들과 함께하는 수중 발굴 프로젝트여서 잔뜩 기대에 부풀어 있었다.

나소에서 하이본케이섬까지는 마리나(해변 종합 관광 시설)에 있는 하나뿐인 매점과 레스토랑에 물자를 공급하기 위한 물자보급선이 주 1회 출항한다. 이 물자보급선을 타고 섬으로 들어갈 예

정이었는데, 출항까지 사흘가량 여유가 있어서 호텔에서 느긋한 시간을 보냈다.

마침 프로젝트 초기부터 섬에서 발굴 작업에 참여하고 있던 로드리고와 사미라가 나소에 머무르고 있었다. 로드리고는 당시 우루과이의 대학교에 새로 개설된 수중 고고학 프로그램 교수로 일하고 있었다. 신학기 준비를 위해 다른 팀원보다 먼저 귀국해야 해서 섬을 빠져나온 것이다. 프로젝트 진행 상황을 물어보니 로드리고는 한숨부터 내쉬었다.

"예상보다 많이 늦어졌어."

경험이 풍부한 로드리고가 참여하고 있는데도 계획대로 진척되지 않았다니 날씨라도 나빴던 걸까? 아니면 사고라도 있었나? 이렇게 생각하고 있던 내게 로드리고가 말했다.

"어떻게 돌아가고 있는지는 곧 알게 될 거야."

셀럽들을 곁눈질하며 작업 개시

사흘 후 로드리고의 말을 곱씹으며 물자보급선을 타고 여섯 시간 걸려서 하이본케이섬에 도착했다.

섬에는 크루즈선을 타고 여름휴가를 즐기러 온 셀럽 가족들과 섬에서 거주하며 일하는 소수의 바하마인밖에 없었다. 수중 발굴 프로젝트에 참가하면서 세계 각지의 내로라하는 아름다운 곳을 많이 다녀봤지만 하이본케이섬의 해변과 바다는 다른 어떤 곳과 견줄 수 없이 아름다웠다. 새하얀 해변이 작은 섬 안에 일곱 곳 정도 있었는데 모두 프라이빗 비치인 듯했다. 각각의 비치에는 일광욕을 즐길 수 있는 테라스가 구비되어 있었다.

셀럽 일가가 느긋하게 바캉스를 즐기고 있는 곳 바로 근처에 발굴 조사 현장이 있었다. 다음 날부터 나도 발굴 조사 현장에 투입되었다. 섬의 북동쪽에 있는 작은 해변에서 북쪽으로 500미터도 떨어지지 않은 곳에 발굴 팀의 전세 다이빙 보트가 정박해 있었다. 발굴 기간 중 팀원의 절반에 해당하는 일곱 명이 이 보트에서 숙박했고, 나머지 여덟 명은 섬의 작은 집에서 숙박했다. 보트 내에서 산소 탱크 보충도 가능했기 때문에 아주 편리했다.

하이본케이섬 침몰선이 묻혀 있는 곳은 수심 5미터로 매우 얕은 지점이었다. 나는 재빨리 장비를 착용하고 바다로 뛰어들었다. 지중해에서의 프로젝트와는 달리 수온이 풀장 정도여서 수영복만 입고도 충분했다.

바닷물은 놀라울 만큼 깨끗했다. 투명도가 50미터는 족히 되어 보였다. 해저의 모습도 무척 아름다웠는데, 수심이 얕아 태양빛이 잘 들어와서 무척 밝았다. 드문드문 산호 군락도 보였다. 해저는 해변의 모래와 마찬가지로 본래 흰색이겠지만 바다색과 같

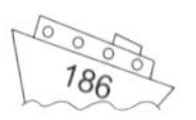

은 예쁜 파스텔톤 푸른빛으로 물들어 있었다. 마치 판타지 속 세상에 들어온 듯한 착각이 들 정도였다.

시선을 아래로 돌려보니 해저에 가로 6미터, 세로 3미터 정도의 돌무더기가 보였다. 배의 선저부에 실려 중심을 잡아주는 추와 같은 역할을 하는 밸러스트였다. 화려한 열대어들이 그 주위에 모여 있었다.

작업 일정상 내가 바하마에 도착할 무렵에는 밸러스트가 제거되고, 그 아래 감춰져 있을 침몰선의 선체 구조가 노출되어 있어야 했다. 그런데 정말로 발굴 작업이 전혀 진행되지 않았다. 로드리고에게 이야기는 들었지만 다소 놀랐다.

발굴이 늦어진 이유

닉에게 사정을 물어보니 삼변측량三邊測量에 어려움을 겪고 있다고 했다. 삼변측량은 수중 고고학에서 아주 기본적인 측량 방법이다.

물속에서 작업해야 하는 수중 고고학 현장에서는 GPS나 각도, 거리를 재는 토털스테이션total station이라는 기기를 사용할 수 없다. 육상 고고학이라면 매우 치명적인 일이다. 육상에서 고대 유적지를 발굴할 때는 어디가 주거지이고 어디가 논밭과 수로인지, 또 주위 강과 산 등의 지형과 유적지가 어떤 관계가 있는지 등 '유적과 주변 환경과의 관계성'이 발굴 후 분석 연구에서 상당히 중요한 요소이기 때문이다.

반면에 침몰선 유적은 주변 환경과의 관계성이 그리 중요한 요소가 아니다. 배가 그곳에만 머물러 있다가 침몰한 게 아니기 때문이다. 침몰선 발굴에서는 오히려 '침몰선 내부에 어떤 화물이 있는지'가 중요하다. 일반적으로 팔찌나 검과 같은 고가의 개인 물품은 선장이나 간부가 주로 머무르는 선미 부근에서 발견되고, 무거운 화물은 선저부의 중앙 부근에서 발견된다. 그래서 유물의 종류나 화물의 무게, 출토 위치는 배의 전체 모습을 가늠하는 데 중요한 역할을 한다.

이 때문에 침몰선 발굴 현장에서는 선체 내부의 좌표를 작성한다. 침몰선의 선수 부분 좌표 (x, y, z)를 (0, 0, 수심)으로 설정하고, 그곳을 기준으로 배의 중심에 있는 킬을 따라 y 방향으로 기준선을 설정한다. 이렇게 하면 배의 내부 위치 관계를 모두 좌표로 표현할 수 있다.

삼변측량은 이와 같은 수중 침몰선 유적의 국지적 좌표를 작성하기 위해 1990년대에 개발된 수중 고고학 특유의 측량법이다. 그런데 이 측량법은 여간 귀찮고 힘든 작업이 아니다. 먼저 수중 유적 주위를 둘러싸듯이 몇 군데 기준점을 설정해야 한다. 대개

해저에 막대기를 세워 고정하고 그 막대기 상단을 기준점으로 삼는다. 범위가 넓은 침몰선 유적에서 삼변측량을 할 때는 기준점을 수십 곳이나 설정해야 한다. 하이본케이섬 침몰선은 침몰선 자체와 여기저기 흩어진 유물을 포함하면 면적이 가로 20미터, 세로 8미터 정도여서 8~10곳의 기준점이 필요했다. 게다가 해저가 평평하지 않아서 기준점을 높게 잡지 않으면 기준점 간의 거리를 정확히 잴 수 없는 상황이었다.

이런 점에 주의하면서 침몰선 유적 부근에 기준점을 설치해야 비로소 측량을 개시할 수 있다. 측량은 한 곳의 기준점에서 최소한 네 곳의 다른 기준점과의 거리를 측정해야 한다. 이 작업을 각각의 기준점을 기점으로 반복한 뒤 그 수치를 컴퓨터의 전문 소프트웨어에 입력한다. 그러면 소프트웨어가 각각 기준점의 국지적 좌표를 산출해준다. 이 과정을 거쳐야 앞서 말한 선체 내부의 모든 위치 관계를 좌표로 표현할 수 있다. 매우 꼼꼼히 처리해야 하는 작업의 반복이다.

내가 도착한 시점까지도 하이본케이섬 침몰선의 발굴 작업은 1단계 토대가 되는 기준점의 좌표조차 세우지 못한 상황이었기 때문에 발굴은 미룰 수밖에 없었던 것이다.

하이본케이섬 침몰선은 이 삼변측량에서 두 가지 문제가 있었다. 하나는 해저의 지반이 단단하다는 것이다. 침몰선 유적 주변은 모래가 10~30센티미터 정도 쌓여 있었지만 그 아래는 암석이었다. 그래서 기준점을 설치하기 위한 막대기를 단단히 고정시킬 수 없었다. 흙 부대로 간신히 기준점을 고정시켜봤지만 그다지 안정적이지는 못했다.

또 다른 문제는 조류였다. 바하마는 카리브해의 동쪽 끝에 위치하고 있어 관문의 역할을 하고 있다. 밀물과 썰물에 따라 많은 양의 바닷물이 여기를 통해 대서양과 카리브해로 드나든다. 더욱이 바하마 주변은 수심이 얕아서 조류가 무척 빨랐다. 그래서 줄자가 조류에 나부끼다 보니 정확한 기준점 간 거리 측량이 쉽지 않았다.

그날 저녁 나는 닉을 불러 삼변측량을 바로 중지하는 게 좋겠다는 의견을 전했다. 삼변측량은 한 곳이라도 측량 수치가 잘못되면 전체에 영향을 미치기 때문에 산출된 좌표가 정확하지 않다. 또한 기준점 간의 측량 횟수도 100번은 쉽게 넘기기 때문에 단 한 번의 실수도 용납하지 않으려면 작업자의 경험이 풍부해야 했다. 숙련된 다이버가 여러 명 투입되어도 4~7일이 걸리는 작업이다. 솔직히 말해 지금의 팀원들은 젊어서 수중 작업 경험이 부족했다. 이런 상황에서 완벽한 측량은 불가능하다고 생각했다.

나도 2011년에 삼변측량을 배운 이래 수중 유적을 측량하는 데 사용해왔지만, 이 방법은 무조건 시간이 많이 걸리는 작업이었

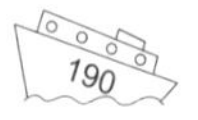

다. 이런 불만을 해소하기 위해 고안한 것이 4장에서 소개한 스케일 바를 유적에 설치하는 방법이다. 스케일 바를 사용하면 밀리미터 단위의 정밀도로 치수를 측정할 수 있다.

그리고 작성한 3D 모델에 세 개의 기준점을 소프트웨어에 설정하여 그 사이의 거리를 측정하면 삼각형을 그릴 수 있다. 이 삼각형을 기준점의 수심에 따라 기울여서 수중 유적의 국지적 좌표를 3D 모델에서 산출할 수도 있다. 뿐만 아니라 스케일 바를 세 곳 이상 설치해서 그 심도를 측정하기만 하면 된다. 삼변측량에 드는 수백 분의 일의 노력으로 삼변측량보다 정확한 국지적 좌표를 작성할 수 있는 것이다.

나는 닉에게 이 방법을 상세히 설명하고 나서야 삼변측량을 중지시킬 수 있었다. 한 달이나 고생한 닉은 중지하는 게 탐탁지 않았을 것이다. 미안해, 닉!

발굴 기회를 놓치지 마라!

나는 다음 날 오전 중에 국지적 좌표를 산출해냈고 오후부터 바로 수중 발굴을 개시할 수 있었다. 발굴을 시작한 후 서서히 선체가 그 모습을 드러내기 시작했다. 하지만 물살이 거셌다. 유속이 가장 빠를 때는 물갈퀴를 신고 있어도 물살에 밀려 헤엄쳐 이동할 수 없을 지경이었다. 팀원 중 한 사람이 조류에 휩쓸려서 소형 보트로 구조하는 일까지 벌어졌다. 우리는 조류가 멈추는 시간을 활용하기로 했다.

조류는 여섯 시간에 한 번 꼴로 밀물과 썰물이 발생한다. 그리고 밀물과 썰물이 바뀌는 순간 30분 동안은 거짓말처럼 물살이 잔잔해진다. 이 30분을 노려서 포토그래메트리 작업을 진행하기로 했다. 여섯 시간에 한 번, 즉 해가 떠 있는 동안 조류가 멈추는 시간은 두 번이다. 60킬로미터 떨어진 나소의 조류 예보를 듣고 그 시간을 계산하여 타이밍을 맞춰 잠수하는 것이다.

이 방법이 효과가 있어 하이본케이섬 침몰선에서는 이틀에 한 번 꼴로 포토그래메트리의 디지털 3D 모델을 제작하여 실측도를 작성했다. 그리고 작업 다이버는 이틀에 한 번씩 바뀌는 최신 실측도를 들고 발굴에 임했다.

당초 예정했던 선체 프레임 인양까지는 못했지만, 화물의 출토 위치 기록이 편해지자 선체의 대부분이 발굴 작업으로 노출되었다. 또한 생각했던 것보다 해저의 모래가 깊어서 목재의 보존 상태도 좋았다. 특히 킬은 전체길이를 파악할 수 있을 정도였고, 선체 구조도 선저부 좌현의 형상을 파악할 수 있을 정도로 남아 있었다. 이를 본 닉을 비롯한 팀원들은 모두 환호를 질렀다.

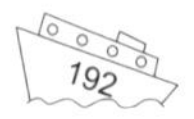

왜 거기에 구멍이?

발굴된 하이본케이섬 침몰선의 선체 구조는 매우 아름다웠다. 나는 많은 배 중에서 16세기의 스페인과 포르투갈 배를 가장 좋아한다. 이 시대 유럽 사람들은 대양을 넘어 세계에 퍼져 있는 문명을 하나로 연결시켰다. 이른바 대항해 시대다. 이를 가능하게 한 것이 당대의 최첨단 기술이 집약된 배였다.

하이본케이섬 침몰선은 전형적인 대항해 시대의 배였다. 이는 배의 가장 아래 부분에 있는 마스트스텝을 보면 잘 알 수 있다. 배에 있는 세 개의 돛 중 가장 커서 추진력을 내는 데 핵심 역할을 하는 메인마스트를 지탱하는 곳이다.

배의 구조를 간략히 설명하면, 먼저 척추에 해당하는 킬이 배의 전체를 일직선으로 관통한다. 여기에 배의 모습을 좌우하는 프레임이 갈비뼈처럼 수직으로 단단히 맞물려 있다. 이 프레임 위에 킬과 같은 길쭉한 목재를 추가로 배치하는데, 킬을 보강하기 위한 킬손(내용골)이라고 한다. 프레임을 위로는 킬손이 고정하고 아래로는 킬이 고정해서 샌드위치 같은 모양이 된다.

대항해 시대의 배는 이 킬손의 중앙부에 마스트스텝이 자리 잡고 있다. 똑바로 배를 관통하는 뼈의 중앙 부분에 혹이 볼록 솟아 있는 형태다. 그리고 이 마스트스텝의 끝부분 한쪽에 나 있는 구멍이 대항해 시대 배의 특징을 나타낸다.

발굴된 마스트스텝

마스트스텝은 배의 구조에서 가장 중요한 부분이라고 할 수 있다. 그곳을 깎아서 구멍을 낸다니 상상하기 힘든 일이지만 이 구멍은 반드시 필요하다. 여기에 배수펌프(빌지펌프)가 설치되기 때문이다.

마스트 뒤쪽에 마스트스텝의 구멍이 나 있는 장소는 선체의 중앙부에 해당한다. 선체의 내부 구조에서 가장 위치가 낮은 곳이다. 배로 스며든 물이 여기에 모이기 때문에 가장 중요한 부분의 일부를 깎아서라도 빌지펌프를 설치한 것이다. 이 펌프는 갑판까지 이어져 있어 재래식 수동 지하수 펌프처럼 핸들을 누르면 배

의 바닥에 차 있던 물이 배출된다.

'뭐야. 겨우 배수를 위해서라고?' 생각할지 모르겠다. 하지만 선체 내부에 들어온 물의 배수는 목숨과 직결된 문제다. 배 안에 물이 차면 침몰을 피할 수 없기 때문이다. 특히 배가 크면 손으로 물을 퍼내는 수준으로는 감당할 수 없어 빌지펌프가 반드시 필요하다.

대항해 시대의 항해 일지를 살펴보면, "펌프가 완전히 고장나면 배는 서서히 침몰하고 만다"라는 기록이 있다. 당시 뱃사람들도 펌프의 중요성을 인지하고 있었던 것이다. 나도 그때까지는 머리로만 매우 중요한 장치라고 생각했다. 그런데 실제로 마스트 스텝을 깎기까지 해서 빌지펌프를 배의 가장 아래에 설치한 모습을 보니, 그들이 외부의 도움을 전혀 기대할 수 없는 대양에서의 항해에 얼마나 공포심을 갖고 있었는지 알 만했다.

캐럭선과 캐러벨선

내가 참여한 2017년 발굴 조사에서 아주 흥미로운 사실을 알게 되었다. 일반적으로 우리가 16세기의 스페인 배와 포르투갈 배를 발굴할 때는 캐럭Carrack선 형태의 범선일 가능성이 높다고 추측하면서 작업한다. 캐럭선은 뒤바람을 받아서 속도를 내는 역할

대항해 시대의 배 구조

빌지펌프
옆에서
본 그림
마스트
선미
선수
빌지펌프의 주위에는
이물질이 들어가지
않도록 막아놓았다.
마스트스텝
킬손
프레임
킬

위에서
본 그림
킬손의 일부인
마스트스텝
빌지펌프용 구멍
마스트스텝
프레임

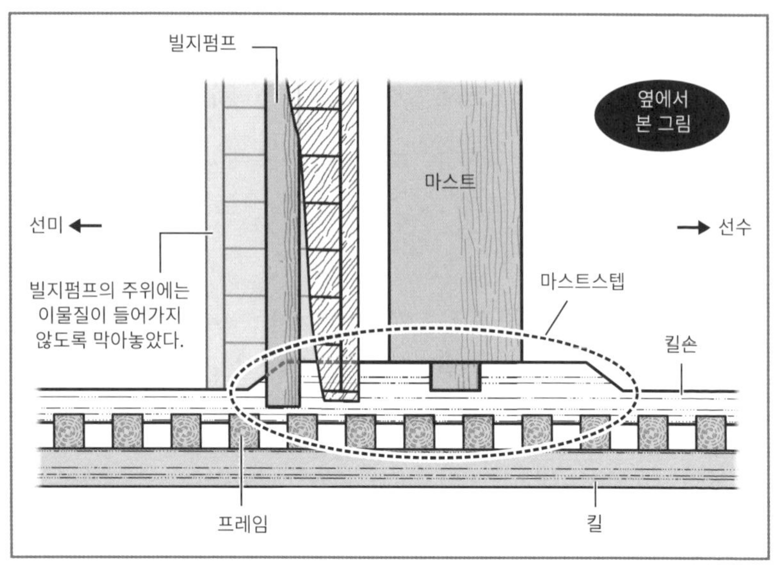

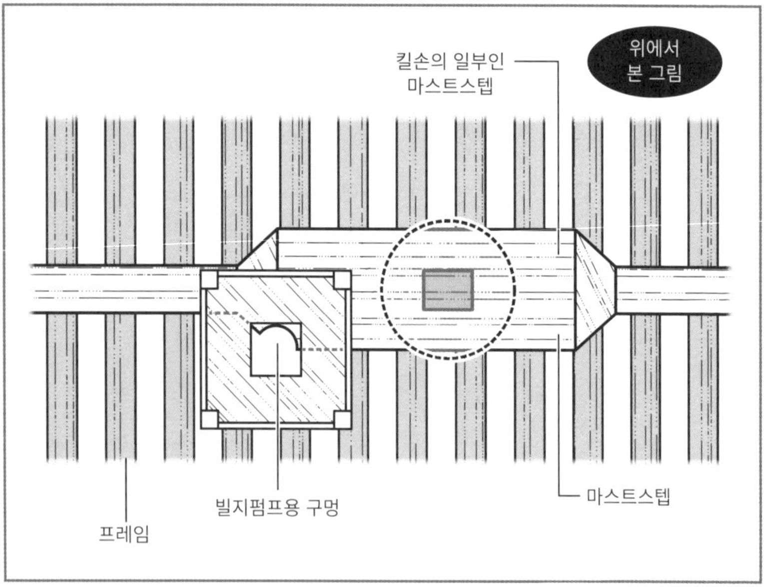

을 하는 가로돛과 배의 방향 조종을 위한 세로돛을 그대로 단 채로 선체의 대형화에 성공한 배다. 대량 화물 운송이 가능해서 선단을 이뤄 아메리카 대륙 항해에 이용했다는 16세기의 역사 자료가 남아 있다.

캐럭선의 설계도는 1580년에 출판되었기 때문에 오늘날에도 그 구조를 알 수 있다. 선체의 프레임은 다소 복잡하지만 배의 전체길이와 최대폭 등 전체적인 형상은 단순한 비율이 적용되어 있다. 예를 들어 배의 최대폭은 킬 전체길이의 3분의 1, 선저부의 폭은 갑판부의 2분의 1에서 3분의 1과 같은 식이다.

하지만 하이본케이섬 침몰선은 캐럭선이라고 하기에는 폭이 좁아 선체가 가늘고 날씬했다. 발굴된 킬의 전체길이에 비해 보존되어 있던 선저 좌현부의 프레임 길이(선폭)가 짧아 비율도 맞지 않았다.

이 사실은 침몰선이 캐러벨caravel선 형태의 배임을 시사했다. 캐러벨선은 캐럭선보다 수 세기 전에 지중해에 등장했다. 특히 15세기 초부터 말까지, 즉 중세부터 대항해 시대 초기에 걸쳐 활약한 세 개의 모든 마스트에 삼각돛을 채용한 배다(16~17세기가 되면 앞쪽 마스트에 가로돛을 채용했다).

캐러벨선은 오늘날 요트처럼 삼각돛이 선수부터 선미 쪽에 걸쳐 세로 방향으로 세 개가 장착되어 있어 역풍에도 항해할 수

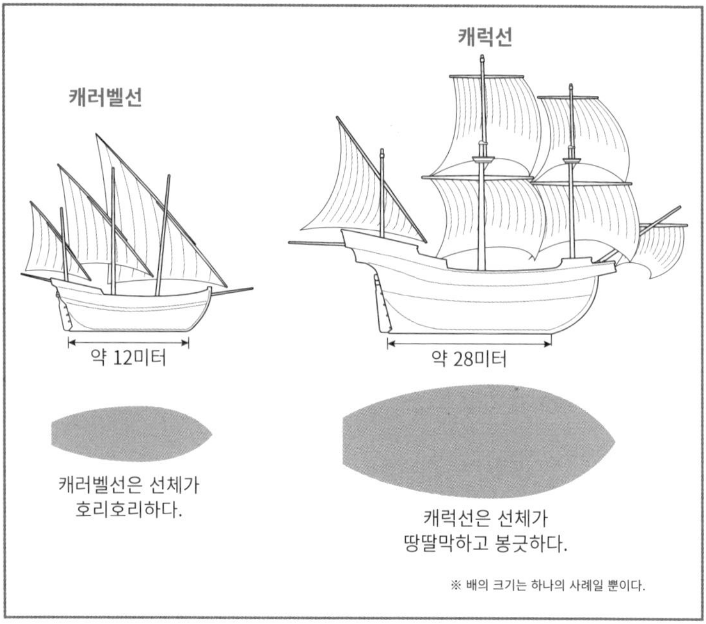

캐러벨선

캐럭선

약 12미터

약 28미터

캐러벨선은 선체가
호리호리하다.

캐럭선은 선체가
땅딸막하고 봉긋하다.

※ 배의 크기는 하나의 사례일 뿐이다.

있다. 배를 조종할 때 매우 뛰어난 성능을 보여주는 배로, 주로 지중해의 단거리 항로를 다닐 때 이용했다. 지중해에서는 보통 연안부에 근접해서 운항한다. 지형에 따라 육지에서 부는 바람의 방향도 자주 바뀐다. 이런 이유로 좌초할 수도 있는 위험을 줄이기 위해서 속도보다는 조종 능력이 중시되었다.

하지만 삼각돛은 뒤바람을 충분히 이용하지 못하기 때문에

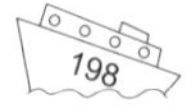

속도가 나오지 않았다. 그래서 세 개의 돛 중에 앞쪽과 가운데의 메인마스트에 사각형의 가로돛을 달아 달리는 힘이 늘도록 개량한 배가 캐럭선이다. 대서양이나 인도양·태평양 횡단같이 장거리 대양 횡단이 주요 항로였던 콜럼버스 선단 이후에는 캐러벨선을 대신해서 캐럭선이 스페인과 포르투갈 선단의 주축이 되었다.

콜럼버스 선단의 배는 어떤 모습일까

캐러벨선의 설계도는 아직 발견되지 않았다. 조선기술은 스승이 제자에게 전수해주는 식으로 이어져왔기 때문에 배 만드는 목수들 사이에서는 설계도를 그린다는 개념이 없었다. 대항해 시대가 되고 조선업이 중요한 국가 정책으로 자리 잡으면서 처음 설계도라는 형식으로 조선기술이 정립되기 시작했다. 그러나 아쉽게도 캐러벨선의 활약이 끝나고, 캐럭선 전성기인 1580년 이후부터 설계도를 그리기 시작했기 때문에 캐러벨선의 자세한 구조는 베일 속에 감춰져 있다.

1492년 콜럼버스의 선단은 산타마리아Santa Maria호, 핀타Pinta호, 니냐Niña호를 거느리고 있었다. 산타마리아호는 캐럭선이고, 핀타호와 니냐호는 캐러벨선으로 건조되었다(하지만 핀타호는 1492년 항해 직후에, 니냐호는 아메리카 대륙에 도착한 시점에 메인마스트의 돛을 삼각돛에서 가로돛으로 변경했다). 향후 하이본케이섬 침몰선의 프레임을 인양해 선체를 좀 더 상세히 조사한다면, 콜럼버스 선단의 캐러벨선인 핀타호와 니냐호의 설계를 밝혀내는 단초가 될 수 있을지 모른다.

하이본케이섬 침몰선의 수중 발굴 프로젝트는 내가 참여한 2017년 이후 일시 중단되었다. 2018년 이후 수중 발굴을 진행할 자금을 모으는 데 어려움을 겪고 있는 상황이다. 도대체 어떻게 생긴 배가 '신세계'를 찾아냈을까? 하루라도 빨리 그 전모를 알고 싶다!

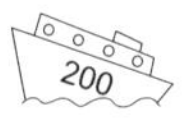

8장

미크로네시아의 얕은 바다에서 제로센과 만나다

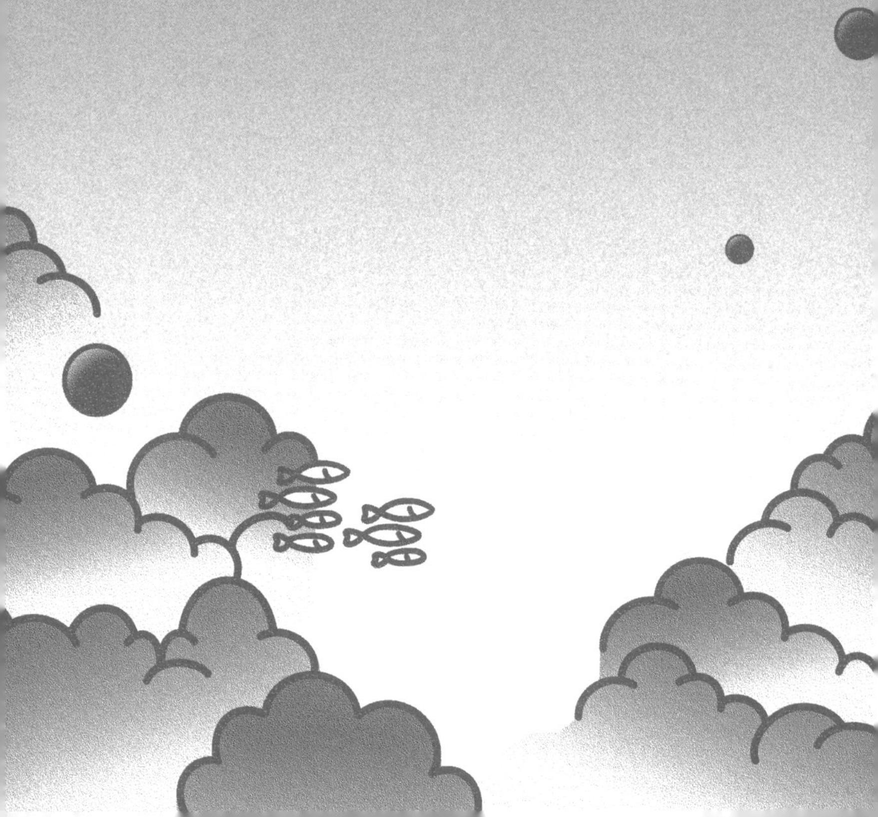

전쟁과 수중 고고학

일본, 사이판, 괌, 미크로네시아 연방, 그리고 오스트레일리아. 최근 이들 나라에서 중요하게 생각하는 연구대상이 있다. 바로 태평양전쟁으로 침몰한 선박이나 항공기 같은 수중 전쟁 유물이다. 2045년에는 제2차 세계대전 전후 100년을 맞이한다. 그때까지 수중 전쟁 유적을 확보하기 위해 태평양 각지에서 다양한 프로젝트가 생겨나고 있다.

그런데 수중 고고학계에는 20세기의 전쟁 유적을 전문으로 하는 선박 고고학자, 해사 고고학자가 극히 적다. 일부러 피하는 건 아니다. 다만 나를 포함한 많은 수중 고고학 연구자는 지금까지 알려지지 않은 배나 수몰 유적과 관련된 수수께끼를 풀고 싶다는 욕망이 크다. 그래서 어렵지 않게 설계도를 확보할 수 있는 20세기 선박은 연구대상으로 잘 삼지 않는 것이다. 하지만 근대사가 전문인 역사학자이자 수중 발굴 작업이 가능한 사람이 적어서 경험이 풍부한, 많은 수중 고고학자가 수중 전쟁 유적을 확보하는 활동에 참여하고 있는 실정이다.

이 장에서는 코발트블루의 아름다운 태평양에 위치한 섬나라인 미크로네시아 연방에서 경험한 수중 전쟁 유적에 관한 프로젝트에 대해 소개하겠다. 개인적으로 지금까지 몰랐던 역사를 접하고, 많은 것을 생각하도록 해준 소중한 경험이었다.

추크제도와 일본

미크로네시아는 괌과 사이판이 있는 마리아나제도, 마셜제도, 그리고 팔라우나 캐롤라인제도 등의 나라나 지역을 통틀어 이르는 말이다.

미크로네시아 연방은 여기에 속하는 하나의 나라로, 폰페이Pohnpei주, 야프Yap주, 코스라에Kosrae주, 그리고 추크Chuuk주로 구성되어 있다. 추크주, 추크제도라는 이름은 익숙하지 않지만, 트루크Truk제도라고 하면 들어본 사람도 있을 것이다. 이 추크제도가 이번 이야기의 무대다.

추크제도는 산호초의 섬들이 원을 그리듯 고리 모양으로 배열된 환초環礁에 둘러싸인 약 250개의 섬으로 이루어져 있다. 환초

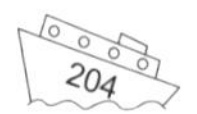

를 포함한 면적은 93제곱킬로미터, 총인구는 2010년 조사 시점에서 약 3만 6,000명이다.

추크제도 사람들의 생활은 소박하지만 이를 '가난하다'고 표현하는 것은 옳지 않다. '그다지 외부의 영향을 받지 않는다'고 말하는 것이 어울린다. 추크제도의 중심인 웨노Weno섬에는 국제공항도 있고 다섯 개의 호텔도 있다. 다만 도로가 포장된 곳은 이 섬의 동쪽뿐이어서 다른 도로는 비가 오면 곧잘 잠기곤 한다. 푸른 산과 코발트블루의 바다로 둘러싸인 경치가 황홀할 정도로 아름답다. 비행기 창문이나 웨노섬의 산에서 내려다보면 숨이 막힐 정도다.

추크제도를 포함한 미크로네시아 연방의 섬에는 2,000년 전부터 이미 사람들이 거주하고 있었는데, 1528년에 스페인의 배가 들어오면서 속주屬州로 삼았다. 이때 스페인어로 산을 의미하는 '트루크'로 불린 것이다.

이후 1899년에 독일의 속주로 팔렸다가 제1차 세계대전에서 독일이 패전하면서 일본의 위임 통치령이 되었다. 제2차 세계대전 후에는 미국의 신탁 통치령이 되었지만, 이윽고 1986년에 미크로네시아 연방으로 독립했다. 이때 제도의 명칭도 현지 언어로 산을 의미하는 추크로 바꾸었다.

스페인이 '발견'한 이래 역사의 소용돌이를 고스란히 겪어온 미크로네시아 연방에는 태평양전쟁 당시 연합군과 일본군의 선박이나 항공기가 다수 침몰해 있다. 특히 추크제도는 침몰선 다이빙의 메카로 알려져 미국이나 유럽의 나라들, 그리고 오스트레일리아나 뉴질랜드에서도 매년 수많은 다이버가 방문한다.

여기서 잠시 일본과 추크제도의 역사에 대해 알아보자. 추크제도에 전쟁 유적이 많은 이유에 대한 설명이기도 하다. 1914년 일본의 통치 아래 있던 추크제도는 일본에서 들어오는 사람도 늘어 1934년경에는 현지인이 약 1만 명인데 비해 일본인은 약 1만 7,000명이나 되었다.

1941년 태평양전쟁이 발발하자 태평양 한가운데의 추크제도는 일본 해군연합함대의 중요한 거점이 되었다. 그러나 1944년 2월 10일, 미국 함대가 추크제도 연안으로 접근하고 있다는 정보를 입수한 일본 해군은 해군의 주력함대 대부분을 팔라우로 후퇴시켰다. 그래서 민간에서 징수한 보급선과 수송선이 이곳에 남겨졌다고 한다.

일본 해군이 철수한 지 일주일 후인 2월 17일~18일에 미국 함대의 헤일스톤 작전Operation Hailstone이 감행되었다. 주력함대가 이미 물러난 추크제도는 거의 무방비 상태로 포격을 받았다. 그 후로 일본군의 보급기지였던 추크제도는 일본이 포츠담 선언을 수락하고, 무조건 항복하기 전까지 여러 번 공습을 겪었다. 추크

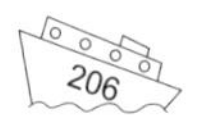

제도에 투하된 폭탄은 6,878톤에 이르렀다. 18개월간의 공습으로 일본의 배 52척과 항공기 400기가 파괴되어 전쟁 유적이 되었고, 이들 대부분이 지금도 추크 환초 내 바닷속에 잠들어 있다. 침몰한 대형 선박과 일부 항공기가 추크제도의 다이빙 인기 포인트가 되었다.

수중 문화유산을 지키자

태평양전쟁 당시 연합군과 일본군의 교전 흔적인 수중 문화유산을 보기 위해서 세계 각국에서 찾아오는 다이버들은 미크로네시아 연방 관광 산업의 귀중한 수입원이다. 세계유산으로 등록된 난마돌Nan Madol 같은 물가에 위치한 중요한 문화유산도 지구 온난화의 영향으로 점차 수몰 유산이 되어가고 있는 실정이다. 그러자 미크로네시아 연방은 수중 문화유산 보호에 힘을 쏟기 시작했다. 그 일환으로 2018년, '유네스코 수중 문화유산 보호에 관한 협약'에 비준했다.

이는 트레저 헌터의 활동을 막기 위해 유네스코가 2001년에 만든 국제협약이다. 이 협약의 원칙은 바다에서 인양된 문화유산의 상업적 이용, 즉 판매를 금한다는 것이다. 또 해양 고고학자를 자칭하는 트레저 헌터에 대항하기 위해 수중 문화유산의 '원위치 보존'을 장려하며, 수중 문화유산을 '수중에 100년간 잠겨 있는 문화적, 역사적 또는 고고학적 성격을 지닌 인류의 모든 흔적'으로 정의했다.

그런데 바꿔 말하면, 2022년 시점에서는 아직 침몰 후 100년이 지나지 않은 제2차 세계대전 이후의 수중 전쟁 유적은 여기에 포함되지 않는다. 이들 유적은 100년이 지날 때까지 보호하지 않아도 된다는 말인가? 이런 문제점과 더불어 일본과 미국 등이 아직 이 협약에 비준하지 않았다는 안타까운 현실도 있다.

하지만 다행히도 이 협약은 수중 문화유산의 취급에 관한 가이드라인 역할을 한다. 그래서 각 나라의 비준 여부와 상관없이 수중 고고학자나 수중 문화유산 연구자는 이 협약에 따라 수중 문화유산을 지키고 있다.

미크로네시아 연방의 각 주에는 역사보존국Historic Preservation Office(이하 HPO)라는 부서가 있다. 이들은 육상 유적이나 역사적 건조물 관리는 익숙하지만 수중 유적이나 문화유산을 관리하고 보호해본 경험이 없었다. 그래서 유네스코에 의뢰해서 괌대학교의 오스트레일리아 수중 고고학자 빌 제프리 교수를 고문으로 모시고, 추크제도에서 수중 고고학 필드 스쿨을 개최하게 되었다. 이 필드 스쿨에 내가 강사로 초청되어 온 것이다.

형 같은 제프리 교수

이번 필드 스쿨의 대장인 제프리 교수는 나보다 2주 정도 빨리 현지에 들어와 있었다. 그는 60대 중반으로 태평양 지역 수중 고고학의 권위자이다. 원래 오스트레일리아 주정부에서 수중 문화유산 연구를 수행하고 있었지만, 20년쯤 전에 추크제도의 HPO에서 인턴으로 일했던 경험이 있었다. 이때부터 오스트레일리아뿐만 아니라 태평양에 잠들어 있는 수중 전쟁 유적 조사에도 관여하기 시작했다.

제프리 교수는 아주 친절하고 유쾌한 분이다. 수중 발굴 프로젝트 때는 잠수를 마다하지 않고 항상 현장 최전선에서 작업하는 걸 즐겼다. 2014년 하와이에서 개최된 수중 고고학 국제학회에서 처음 만났을 텐데 어떻게 친해졌는지는 기억나지 않는다. 어느 순간부터 학회에서 얼굴을 마주할 때마다 함께 술을 마시는 사이가 되었다. 아마 처음 친해진 순간도 술에 취해서 기억나지 않는 것이리라. 나이만 보면 아버지뻘이지만 실제로는 아버지보다 형 느낌이 강하다. '나도 이렇게 나이 들고 싶어!'라고 생각할 정도로 존경하는 인물 중 한 사람이다.

금속제 배는 어떻게 부식될까

이 장에서 소개할 침몰선은 큰 특징이 있다. 바로 금속제라는 것이다. 이 책에서 설명한 고대부터 19세기까지의 목조선은 해저에 묻힌 부위는 보존 상태가 좋지만, 노출된 부위는 수개월부터 수년 사이에 썩고 만다.

이에 비해 수중 전쟁 유적으로 대표되는 금속제 수중 유적은 부식이 느리다. 같은 금속제라도 육상이라면 보존처리를 하지 않는 이상 산화하여 대부분 녹슬어 완전히 부식된다. 그런데 바닷속에 노출된 금속제 수중 전쟁 유적은 수십 년간 모양이 유지되니 귀중한 역사 자료라고 할 수 있다.

하지만 물속에 있다고 해서 선체의 붕괴가 전혀 진행되지 않는 것은 아니다. 물고기가 아가미 호흡을 통해 산소를 받아들이는 것에서 알 수 있듯 물속에도 소량의 산소가 녹아 있다. 따라서 물속에서도 산소가 금속과 반응하여 산화가 진행된다. 한 번 산화하기 시작한 금속은 점점 강도가 약해지고 자체 무게만으로도 붕괴하고 만다.

금속제 유적의 산화 속도를 보면 철제 선박 유적은 빠르고, 알루미늄제 기체를 가진 항공기 유적은 비교적 부식이 느리다. 하지만 항공기 유적도 나사나 엔진 등 철로 된 부품이 많기 때문에 이 부위의 부식이 진행되면 역시 자체 무게로 인해 원래 형태를 유지하지 못한다.

그리고 하나의 수중 전쟁 유적에서도 부위에 따라 부식 속도가 다르다. 첫째 수심이나 수온에 따라 물에 녹아 있는 산소 농도가 다르다. 일반적으로 수심이 얕고 수온이 높으면 산소 농도가 짙으므로 부식 속도가 빠르다. 둘째 물살이 강한 곳은 물로 인한 물리적 충격과 산화 충격이 모두 증가한다. 그래서 얕은 곳에 있는 갑판 위 함교나 포탑 등 물살의 영향을 받기 쉬운 부위의 부식 속도가 특히 빠르다. 마지막으로 산호나 해조류 등 해양 생물이 유적 표면에 달라붙어 생식하면 기체와 바닷물의 접촉 면적이 줄어 부식 속도가 느려진다.

2002년에 제프리 교수 등 오스트레일리아의 수중 고고학자와 보존처리 전문가 팀이 추크 환초에 있는 수중 전쟁 유적의 보존 상태를 점검하는 조사를 실시했다. 이들은 추크제도 내에 흩어져 있는 주요 수중 전쟁 유적에 형성된 해양 생물층과 산화철층을 조사했다. 각각 지름 3밀리미터 드릴로 구멍을 뚫어 계기를 삽입한 뒤 PH 농도를 측정해서 부식 진행 상태와 속도를 알아봤다. 그리고 수중 유적 주변의 산소 농도와 수온도 수심별로 측정했다.

당시 조사 결과에 따르면, 수심이 얕은 곳에 있는 철제 수중 유적은 2012~2017년경에 금속 산화가 완료되어 철로 된 부분이 완전히 부식되고, 선체 강도가 극도로 약화되어 자체 무게 때문에 붕괴가 진행될 것이라는 예측이 나왔다. 실제로 현지 다이빙숍에서 일하는 다이버들은 2015년경부터 수심이 얕은 곳의 수중 전쟁 유적에서 선체 붕괴가 서서히 시작되었다고 이야기한다.

수중 전쟁 유적의 붕괴를 늦추는 방법이 아예 없지는 않다. 간단하게는 보강재로 선체 구조를 지지하거나 수중 유적의 금속을 대신해 화학 반응하여 부식하는 아연 덩어리를 설치하는 방법이 있다. 그러나 전체길이 100미터가 넘는 대형 침몰선 전체에 이런 작업을 하려면 막대한 예산과 시간이 필요하다.

더 효율적이고 좋은 방법이 있다. 수중 전쟁 유적의 정밀한 디지털 3D 모델을 작성해서 정기적으로 관찰하면, 수중 전쟁 유적에서 일어나는 변화를 시각화해서 유적의 어떤 부분이 부식 정도가 심한지 등을 수치화할 수 있다. 이렇게 부식이 심한 부분이 파악되면 그곳을 집중적으로 보강할 수 있기 때문에 같은 예산으로도 더 많은 수중 전쟁 유적을 관리할 수 있다.

이런 이유로 내가 이번 수중 고고학 필드 스쿨에 초빙되어 포토그래메트리 기술을 강의하게 되었다.

산호 서식지가 된 제로센

수중 고고학 필드 스쿨에는 미크로네시아 연방의 네 개 주와

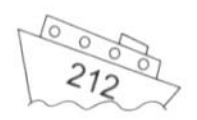

팔라우, 마셜제도 등 주변 지역의 HPO에서 열 명의 직원이 모였다. 그리고 오스트레일리아와 홍콩에서도 수중 고고학자가 한 명씩 참여했다.

실습에서는 두 개의 수중 유적을 이용했다. 첫 번째는 수심 8미터 지점에 잠겨 있는 영식함상전투기零式艦上戰鬪機였다. 일명 '제로센'으로 불리며 태평양전쟁에서 활용한 대표적인 일본군 전투기이다. 내가 HPO 직원들에 앞서 바다로 들어가자 곧바로 전투기가 보였다. 전체길이는 대략 10미터, 날개폭은 11~12미터 정도로 보였다. 머릿속으로 막연하게 상상하던 것보다 컸다. 기체는 뒤집힌 상태였다. 기체 안과 아래에는 다양한 산호가 숲을 이루듯 서식하고 있어 몽환적으로 보였다. 마치 바다의 숲속에 묻힌 전투기 같았다.

수중에 방치된 전쟁 유적은 얼핏 보면 음산하고 기묘하게 보일지도 모른다. 하지만 가까이 다가가면 많은 물고기가 살고 있음을 알 수 있다. 다채로운 열대어가 무리를 이뤄 헤엄치는 광경을 보면 수족관의 수조 안에 들어와 있는 듯한 착각이 든다. 왜 세계 여러 나라의 다이버들이 추크제도의 수중 전쟁 유적을 보러 모여드는지 이해되기도 한다.

필드 스쿨에서 사용한 또 다른 수중 전쟁 유적을 우리는 소형 포함砲艦을 뜻하는 건보트gunboat라고 불렀다. 남아 있는 부분은

수중에 침몰해 있는 제로센

전체길이 10미터 정도였는데, 선체 상부에 포탑이 자리 잡고 있던 기저부로 보이는 구조가 좌우에 두 개 있었기 때문이다. 당시 군함의 포탑은 기저부에 고정하지 않고 단순히 꽂혀 있었다. 그래서 배가 전복될 때 빠지는 경우가 많았다.

선체의 절반이 금속 열화로 붕괴되어 실제로는 어떤 배였는지 알 수는 없었다. 건보트가 가라앉은 장소는 수심 6미터 정도로 얕았다. 잠수하자마자 아름다운 열대어 떼가 환영해주었다. 이 수중 전쟁 유적도 선체에 많은 산호가 살고 있어 아름다웠다.

이번 수중 고고학 필드 스쿨에 참가한 HPO 직원들은 모두 이

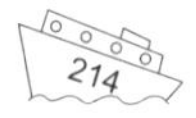

건보트. 한가운데 구멍이 보인다

제 막 다이빙 라이선스를 딴 초보자였다. 하지만 바다로 둘러싸인 미크로네시아 연방의 젊은이답게 모두 수영 실력이 수준급이었다. 보통 다이빙 라이선스를 딴 지 얼마 안 된 초보자는 익숙하지 않은 장비와 물속에 대한 공포심으로 긴장하기 마련이다. 그래서 쓸데없는 동작이 많아진다.

하지만 HPO 직원들은 숙련된 다이버처럼 물속에서 아주 편안한 모습을 보여줬다. 어릴 때부터 바다에서 헤엄치는 게 익숙하기 때문일 것이다. 이들은 잠수하기 전에는 다소 불안한 듯 보였지만, 물속으로 뛰어들고 나서는 마치 인어가 된 것처럼 자유롭게 건보트 주위를 헤엄치며 수중 유적의 표면을 정성스럽게 촬영했다.

전쟁 유적은 놀이터였다

필드 스쿨 마지막 날에는 HPO 직원들이 각자의 지역으로 돌아간 후에 어떤 작업을 할지 등 향후 활동에 대해 이야기하는 미팅을 가졌다. 나는 필드 스쿨을 통해 이들과 신뢰 관계를 쌓은 현재의 '일본인'으로서 묻고 싶은 게 있었다. 아니, 반드시 물어봐야 할 질문이 있었다.

"여러분은 태평양전쟁 유적 보호에 대해 어떻게 생각하나요?"

나는 이번 필드 스쿨 강사를 하면서 일본 점령 당시의 미크로네시아 역사를 처음 알게 되었다. 부끄럽지만 이 프로젝트에 참여하기 전까지는 막연하게 트루크제도라는 이름을 역사 교과서에서 본 것이 다였다. 이번 필드 스쿨에 참가한 현지 직원들이 수중 전쟁 유적을 보호하기 위해 진지하게 배우는 모습을 보고 질문하지 않을 수 없었다.

제2차 세계대전 이전에는 일본인과 추크제도 주민의 관계가 좋았다고 한다. 전쟁의 소용돌이 속으로 빠지면서 기아가 발생하

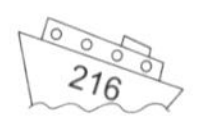

고 공습으로 건물이나 농지가 철저하게 파괴되었다. 연합군과 일본군의 교전으로 발생한 사망자는 기록상 123명이지만, 실제로는 1,000명 이상이 죽었다고 한다. 이는 당시 주민 열 명 중 한 명 꼴이다. 20대 중반으로 보이는 추크제도의 HPO 직원이 질문에 대답했다.

"전쟁 유적은 어릴 때부터 놀이터이기도 했죠. 태어날 때부터 그 자리에 있었으니까요. 우리들의 할아버지와 할머니를 떠올리게 해주는 문화유산이에요."

이 말을 듣고 있던 다른 미크로네시아 사람들도 고개를 끄덕였다. 그리고 현재 미크로네시아 사람들은 전쟁 유적을 자신들의 유산으로 다음 세대에 남기려 하고 있다.

과거로 거슬러 올라가다

나는 필드 스쿨을 무사히 마친 다음 날부터 제프리 교수와 함께 경년변화經年變化(열화) 측정의 기초가 되는 디지털 3D 모델 데이터를 만들기 위해 나흘간 더 머물렀다. 미국에서의 일정이 임박한 상황이었기 때문에 작업이 가능한 날은 사흘밖에 없었다.

그동안 HPO 직원들과의 실습에 사용한 제로센과 건보트의 수중 전쟁 유적 이외에도 사이운彩雲이라는 일본의 함상 정찰기,

'하늘의 전함'으로 불렸으며 엔진 네 기를 탑재한 거대 항공기인 이식二式 비행선, 그리고 수심 45미터에 가라앉아 있던 97식 경장갑차까지 모두 다섯 곳의 수중 전쟁 유적에 대한 정밀 디지털 3D 모델을 추가로 작성할 수 있었다. 특히 이식 비행선은 포토그래메트리의 범위가 가로 50미터, 세로 40미터로 꽤나 넓어서 손이 많이 갔다.

포토그래메트리를 이용한 모니터링은 '과거로 거슬러 올라갈 수 있다'는 점에서 좋다. 일반적으로 모니터링이라고 하면 시작일을 기점으로 그 이후의 기록을 축적한다는 의미가 강하다. 2019년에 모니터링을 시작하면 2020년, 2021년 미래로 이어지는 식이다.

그런데 추크제도의 수중 전쟁 유적 등 인기 다이빙 스폿에서는 관광 다이버가 수중 동영상을 찍는 일이 많다. 이들이 유튜브 등에 올린 영상이나 현지 다이빙센터가 10년 전에 촬영한 수중 유적의 동영상 등이 남아 있다. 이런 과거 자료를 포토그래메트리에 활용하면 과거의 유적 상태를 재현해낼 수 있다. 다만 이러한 동영상으로 작성된 디지털 3D 모델은 정밀도가 낮아서 학술 연구용으로는 부족하다.

그럼에도 동영상은 1초당 24~60프레임의 정지된 이미지의 연속이므로 포토그래메트리를 작성하는 데 중요한 '겹쳐진 사진'을 확보한 것이나 다름없다. 기초가 되는 유적 전체를 반영한 정

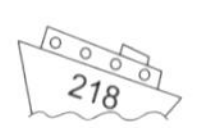

밀 디지털 3D 모델을 하나 제작해서 이 모델을 기초 데이터로 삼으면, 다소 조악하더라도 어느 곳이 언제, 어떻게 바뀌었는지 시간에 따른 변화 양상을 어느 정도 비교할 수 있다. 이런 식이면 시간을 초월한 보다 장기적인 모니터링이 가능하다!

전쟁의 희생자가 잠든 곳

현재 추크제도뿐만 아니라 태평양의 수중 전쟁 유적은 대부분 폐허가 되어 잊히고 있다. 수중 전쟁 유적은 전쟁에 휩쓸려 죽어간 분들의 묘지라고도 생각한다. 선조의 묘지를 아무도 돌보지 않아 잡초만 무성하며 훼손된 상태라면 기분이 어떨까? 그곳에 잠든 분들에게 진정한 안식을 주려면 묘지를 깨끗이 관리하고, 계속 기억하며 추모하는 마음을 갖는 게 중요할 것이다.

그리고 미래에 우리의 자손들이 전쟁과 역사에 대해 생각할 수 있도록 '역사의 증거'인 수중 전쟁 유적을 다음 세대에 남기기 위해 노력해야 한다. 수중 전쟁 유적을 보호하는 활동은 결코 유적 인양이 전부가 아니다. 그렇다고 전쟁 자체나 역사 해석에 대한 논의도 아니다. 전쟁에 대한 옹호는 더더욱 아니다. 수중 전쟁 유적을 하나라도 더 기억하고 남기기 위한 일이다.

분명 나에게도 태평양전쟁 당시의 침몰선은 고고학 연구대상

이상이다. 한 사람의 일본인으로서 앞으로도 나의 중요한 과제로 삼아 태평양 수중 전쟁 유적을 보호하는 데 힘쓸 생각이다.

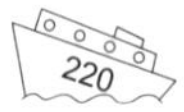

선 세계적인 코로나바이러스 감염증 사태 속에서 나는 현재 일본에 머물면서 이 책을 집필하고 있다. 최근 1년간 정말 오랜만에 일본에서 장기간 머물며 강연을 하거나, 국내 연구자들과 새로운 연구를 계획하는 등 지금까지와는 다소 다른 형태로 수중 고고학에 관여하고 있다.

이런 와중에 새삼 '나는 정말로 수중 고고학을 좋아하는구나' 하고 느꼈다. 조선사 연구에 식상함을 느끼기는커녕 호기심이 샘솟는 나를 발견한 것이다. 코로나바이러스 감염증 사태로 해외의 업무 의뢰가 연기된 덕분에 생긴 시간에 최신 학술 논문을 읽으며 다시 한 번 나의 무지와 지식에 대한 욕구를 확인했다. 이 호기심은 내가 연구자로서 가장 소중히 생각하는 마음가짐이다. 아마 앞으로도 배에 대한 호기심은 계속 커질 것이다.

그리고 바라는 게 있다면 수중 고고학에 대한 호기심을 여러

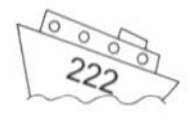

분과 공유하고 함께 즐기고 싶다. 이 책을 읽고 수중 고고학의 즐거움을 알아준다면 기쁘겠다. 나의 바람은 여기까지가 아니다. 나아가 여러분도 수중 고고학자의 꿈을 키우길 바란다! 그리고 수중 고고학을 실제로 체험해보길 바란다! 진심으로 바라는 바다.

실은 이 책도 여러분을 수중 고고학의 세계로 초대하기 위해 썼다. 이 책을 읽어주신 여러분과 이 세계의 바다 어딘가에 잠들어 있을 역사의 낭만을 함께 발견하는 날이 오기를 기쁜 마음으로 기다리고 있겠다.

전 세계 바다를 누비는 수중 고고학자의 종횡무진 탐사 기록

바닷속 타임캡슐 침몰선 이야기

1판 1쇄 인쇄 | 2022년 10월 18일
1판 1쇄 발행 | 2022년 10월 25일

지은이 | 야마후네 고타로
옮긴이 | 신찬
펴낸이 | 박남주
편집자 | 박지연
펴낸곳 | 플루토

출판등록 | 2014년 9월 11일 제2014-61호
주소 | 10881 경기도 파주시 문발로 119 모퉁이돌 3층 304호
전화 | 070-4234-5134
팩스 | 0303-3441-5134
전자우편 | theplutobooker@gmail.com

ISBN 979-11-88569-39-7 03400